Vespa Granturismo

DIE GROSSEN VESPAS GT, GTS UND GTV

Günther Uhlig

Motor buch Verlag

Einbandgestaltung: Luis Dos Santos
Fotos: Günther Uhlig

Bildnachweis: Siehe Anhang

ISBN 978-3-613-04496-8

Überarbeitete, ergänzte und erweiterte Neuauflage 2022

Sie finden uns im Internet unter www.motorbuch-verlag.de

Lektorat: Joachim Köster
Innengestaltung: Sven Rauert
Druck und Bindung: Graspo CZ, 763 02 Zlín
Printed in Czech Republic

Vorwort

Wir schreiben das Jahr 1946. Weite Teile Italiens liegen in den Trümmern, die ein entsetzlicher Krieg zurückgelassen hat. Ein mutiger Unternehmer präsentiert in diesen Wirren ein völlig unkonventionelles Motorrad mit winzigen Rädern: Enrico Piaggio und die Vespa von Ingenieur Corradino d` Ascanio.

Es gibt sie noch heute. Natürlich ist es nicht mehr die Vespa von damals. Im Nachwort des Buchklassikers „Vespa mi` amore“ hatte ich vor zehn Jahren geschrieben: *Welten liegen zwischen der Urvespa 98 und einer GTS von heute. Kein Bauteil ist mehr gleich – und doch ist die Neue auf den ersten Blick unverkennbar eine Vespa.* Und weiter: *Die Vespa wird geliebt oder gehasst, dazwischen gibt es nichts. Schwarz oder Weiß, kein Grau.*

Nach 75 Jahren ist die Vespa angesagter denn je. Wie konnte es so weit kommen? Was steckt hinter dem Mythos? Die Antwort ist: die Vespa hat, was alle anderen nicht haben. Charakter nennt man das. Sie ist einzigartig und unverwechselbar. Eine Stilikone, deren typisches Kleid aus Blech sich über Jahrzehnte als wandlungsfähig erwiesen hat, ohne sich jemals aufzugeben. Kult eben.

Noch zu Beginn dieses Jahrhunderts schien eine Vespa mit einem wassergekühlten Viertaktmotor und stufenloser Kraftübertragung als unvorstellbar, eingefleischten Puristen der Schaltrollergemeinde gar als Verrat. Doch tatsächlich trat die im Jahr 2003 vorgestellte „Granturismo“ zu einem unaufhaltsamen Siegeszug an. Obwohl größer und mächtiger als je ein Modell zuvor, bleibt sie mit dem Rundscheinwerfer im Lenkkopf, den runden Rückspiegeln und der charakteristischen Silhouette mit dem geschwungenen Durchstieg eine echte Vespa.

Die Zeiten haben sich geändert und die Vespa auch. Das moderne Antriebskonzept fand nicht nur zahlreiche neue Liebhaber, sondern überzeugte auch eine ganze Reihe alter Vespafreunde, deren höchstes Glück jahrzehntelang darin bestand, ihren knatternden Zweitaktmotor mit selbstgemischtem Treibstoff zu füttern, mit Zwischengas den nächsten Gang einzulegen und mit gekonnter Balance den Roller in der Spur zu halten.

Überzeugende Technik, überragende Fahreigenschaften und das gute Gewissen, geräuscharm und umweltfreundlich unterwegs zu sein, sichern der großen Vespa seit vielen Jahren die Spitzenposition in den Zulassungsstatistiken zahlreicher Länder.

Die Granturismo, beständig weiterentwickelt über zwei Jahrzehnte, war es wert, in einem eigenen Band gewürdigt zu werden. Pünktlich zum 75-jährigen Jubiläum der Vespa 2021 war es so weit: die Urfassung dieses Buches kam in den Handel und war bereits im nächsten Jahr ausverkauft. Diese überarbeitete und ergänzte neue Auflage nimmt den Leser mit auf eine Reise von der Vergangenheit in die Zukunft - vom kleinen Schreinerbetrieb zum Industriekonzern mit Weltgeltung, vom Rüstungsproduzenten über die Totalzerstörung durch Kriegsbombardement bis zum Neubeginn mit einem märchenhaften Wiederaufstieg als führender Rollerproduzent der Welt. Nach einem Abriss über die Modellgeschichte werden Technik und Design der neuen großen Vespa-Generation bis zum aktuellen Jahrgang ausführlich und bis ins kleinste Detail in Zahlen, Wort und Bild dargestellt. Auch ein Ausblick in die Zukunft fehlt nicht. Sie sind eingeladen, an dem unvergleichlichen Lebensgefühl auf zwei Rädern teilzuhaben, wie es kein anderer Roller als eine Vespa vermitteln kann. Genießen Sie italienisches Flair unter südlicher Sonne. Ich wünsche Ihnen viel Spaß dabei.

Günther Uhlig

Frontalansicht einer Vespa GT (2005-2006, links) und einer Vespa GTS (seit 2019, rechts)

Inhalt

PIAGGIO
-GENOVA-

I. Geschichte

Vom Handwerksbetrieb zum Industriekonzern

Das Haus Piaggio

Wer den Mythos Vespa verstehen will, muss das Stammhaus kennen: Es war der 10. Oktober 1884 als der damals 20-jährige Rinaldo Piaggio in Sestri Ponente bei Genua eine Schreinerei gründete. Zu dieser Zeit konnte noch niemand erahnen, dass die Produkte des Unternehmens einmal den Weltmarkt beherrschen sollten. Doch schnell erwarb sich der geschäftstüchtige Jungunternehmer mit der Ausstattung und dem Innenausbau von Eisenbahnwaggons und Schiffen einen ausgezeichneten Ruf, und in den Auftragsbüchern fanden sich neben dem Hochadel die Namen der größten Werften und Reedereien, darunter auch der des Norddeutschen Lloyds.

Blick in die Werkstatt in Sestri Ponente in den späten 1880er Jahren.

1901 wurde eine neue Produktionsstätte direkt am Meer in Finale Ligure eingeweiht. Das Fliegerlogo an den Giebeln der Werkshallen lässt keine Zweifel an seiner Bestimmung aufkommen.

Im Laufe der Jahre kamen Produktionsstätten in Finale Ligure und Pisa hinzu, und Piaggio erwarb Lizenzen für den Bau von Wasserflugzeugen, Schienenfahrzeugen, Seilbahngondeln, Motoren und Teilen für die Instandsetzung reparaturbedürftiger Luftfahrzeuge, was schließlich ganz zur Eigenentwicklung von Hubschraubern, Flugzeugen und Flugbooten geführt hat.

Maßgeblich für den kometenhaften Aufstieg war im Jahr 1924 ein weiteres Werk mit angeschlossenem Flugfeld in Pontedera, Provinz Pisa, das schließlich zum Hauptsitz des Unternehmens werden sollte.

Enrico Piaggio, der ältere Sohn Rinaldos, war als Ingenieur bereits seit zehn Jahren Leiter der Motorenentwicklung. 1938 übernahm er zusammen mit seinem jüngeren Bruder Armando die Geschäftsführung des Unternehmens, das inzwischen mit politischer Unterstützung eine zunehmend militärische Ausrichtung erfahren hatte und zu einem der führenden Produzenten von Kriegsgeräten in Europa wurde – eine fatale Entwicklung, die ihren Höhepunkt 1938 mit dem viermotorigen Langstreckenbomber P 108 fand und Piaggio zum Verhängnis werden sollte: das Werk in Pontedera wurde im zweiten Weltkrieg wiederholt zur Zielscheibe alliierter Luftangriffe und dem Erdboden gleichgemacht.

Die Geburt der Vespa

Trümmer und verbrannte Erde waren alles, was das dunkelste Kapitel in der Geschichte des Hauses Piaggio hinterlassen hatte. Als sich das Schicksal bereits als unabwendbar und das Ende als unausweichlich abzeichnete, wurden die Entwicklungsabteilung und einige Gerätschaften in das weitgehend verschont gebliebene Biella im Piemont ausgelagert. Dort kam Enrico Piaggio eine Idee, wie angesichts des völlig zusammengebrochenen Verkehrswesens im kriegsverwüsteten Italien die Produktion auf zivile Güter umgestellt werden konnte: um der Bevölkerung wieder zu einer gewissen Mobilität im Alltag zu verhelfen, schwebte dem Firmenchef die Herstellung eines handlichen motorisierten Zweirads nach der Art vor, wie sie damals von britischen und amerikanischen Fallschirmjägern benutzt wurde. Das Fahrzeug sollte

Neben Eisenbahnwaggons wurden unterschiedliche Flugkörper repariert und hergestellt, darunter verschiedene Typen von Wasserflugzeugen, die direkt aus den Werkshallen ins Wasser abgelassen werden konnten.

Die Belegschaft Piaggios posiert voller Stolz vor der viermotorigen P108, einem Meisterwerk der Ingenieurskunst, hier in der Ausführung für zivile Nutzung. Für den militärischen Einsatz wurde das Cockpit zum Ausspähen um einen verglasten Sitz aufgestockt und bekam einen gläsernen Boden.

einfach konstruiert, anspruchslos, wirtschaftlich und für breite Bevölkerungsschichten erschwinglich sein.

Mit diesen Vorgaben entstand unter Ingenieur Renzo Spolti 1944 der erste Prototyp eines neuartigen Zweirads mit dem Modellcode MP5: ein Motorroller, dessen Beinschild in Trittbretter überging und unter dessen Blechkarosse ein Zweitaktmotor mit 98ccm Hubraum und 3 PS werkelte. Für die Kraftübertragung wurde mit einem stufenlosen Kardanantrieb und mit einem 2-stufigen Kettenantrieb experimentiert. Doch wegen seiner etwas unförmigen Gestalt hatte er nicht nur schnell den Spitznamen »Paperino«, die italienische Bezeichnung für Donald Duck, weg, sondern missfiel auch Patriarch Piaggio, der das Projekt umgehend einstellen ließ.

Mit der Neukonstruktion beauftragte Piaggio Corradino d´Ascanio, einen erfahrenen Luftfahrtingenieur. Der hatte zwar bisher nicht das Geringste mit Motorrädern zu tun und ließ sich auf eine Weiterentwicklung des MP5 gar nicht erst ein, ging dafür aber umso zielstrebiger und entsprechend unkonventionell zur Tat über: binnen zwei Monaten stellte er den Prototyp MP6 auf die Räder, ein Zweirad, dessen selbsttragende Stahlblechkarosserie über einen freien Durchstieg verfügte und den Fahrer mit einem breiten Frontschild vor Wind und Wetter schützte. Für Vortrieb sorgte eine Antriebsschwinge mit Motor und Getriebe in einem Block, die sich hinter einer rundlichen Blechverkleidung verbarg und ohne Verluste die Kraft direkt auf das Hinterrad übertrug. Vorder- und Hinterrad ließen sich untereinander tauschen und waren dank geteilter Felgen im Bedarfsfall auch noch schnell zu reparieren. Ganz seiner Herkunft verpflichtet, entsprang die Vorderradaufhängung mit einer einseitigen Kurzschwinge sogar dem Bugrad eines Flugzeugs. Bei all dem war die Bedienung kinderleicht: ohne die Hände vom Lenker nehmen zu müssen, wurden die Gänge mit dem linken Griff geschaltet, während rechts, wie vom Motorrad gewohnt, Gas gegeben wurde. Enrico Piaggio fand auf Anhieb Gefallen an der Konstruktion und soll beim ersten Anblick ausgerufen haben: »sembra una Vespa«, was so viel bedeutet wie »sieht aus wie eine Wespe«, womit er angesichts der schmalen Taille, des rundlichen Leibs und des charakteristischen Motorgeräuschs nicht ganz unrecht hatte – wenn es sich tatsächlich so zugetragen hat, was heute niemand mehr sicher zu sagen vermag. Jedenfalls hatte die Vespa ihren einprägsamen Namen für alle Zeiten weg.

Ing. Corradino d`Ascanio, Vater der Vespa

Als »Paperino« ging er in die Geschichte ein: Prototyp MP5 ohne den vespatypischen Durchstieg und die runden Seitenbacken. Die erste Version (unten) verfügte über einen stufenlosen Kardanantrieb, bei dem grünen Fahrzeug erkennt man, dass von einem Hebel am Lenker zwei Züge für die Gangschaltung abgehen.

Vespa

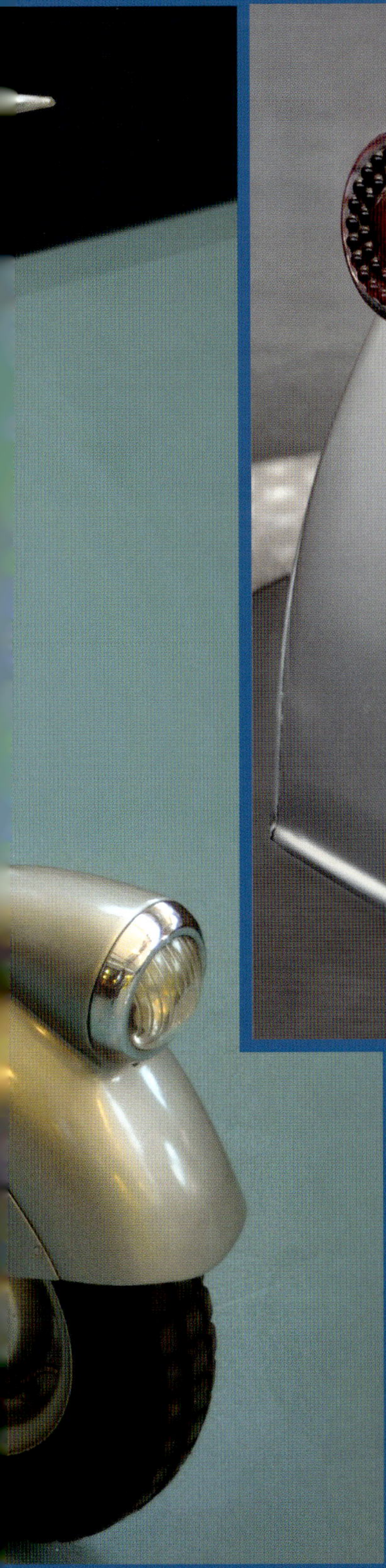

Der MP6 von Corradino d`Ascanio entsprach mit seinem offenen Durchstieg und den runden Seitenbacken schon weitgehend der Vespa. In der Serie entfielen die charakteristischen Luftschlitze: der fahrtwindgekühlte Motor wurde von einem Triebwerk mit Gebläsekühlung abgelöst.

VESPA-CLUB VON DEU
75
1946 - 2021
705
1180
1675
Vespa

II. Vom Prototyp zum Welterfolg

Es begann mit der Lampe unten

Von ehemals 12.000 Beschäftigten war die Belegschaft in Pontedera nach dem Krieg auf ein paar Hundert zusammengeschrumpft. Ihre Aufgabe war es, die Trümmer beiseite zu räumen und die Fertigung der Vespa voranzutreiben.

Ab März 1946 wurde eine Nullserie von rd. 60 Fahrzeugen aufgelegt, von denen 12 in Pontedera hergestellt wurden, die übrigen im Lohnauftrag bei Alfa Romeo in Mailand, wo Piaggio auch Motorteile orderte. Am 23. April schließlich wurde die Bauartzulassung beantragt und wenig später konnte die erste Serie aufgelegt werden. Das war, wie wir sehen werden, der Beginn eines Jahrzehnte währenden weltweiten Siegeszuges.

Anläßlich des 75-jährigen Jubiläums der Vespa 2021 gab der Vespa Club von Deutschland eine Erinnerungsplakette heraus, auf der die Zeichnung eingeprägt ist, mit der Piaggio 1946 die Bauartzulassung für die Vespa beantragt hat.

Der Erfolg ließ nicht lange auf sich warten: 2.500 Modelle wurden bereits im ersten Jahr hergestellt, und laufend flossen irgendwelche Verbesserungen an Motor und Fahrwerk in die Serie ein.
Schon im zweiten Jahr wurde die Marke von 10.000 verkauften Fahrzeugen geknackt und man machte sich alsbald Gedanken um eine Ergänzung des Angebots für Händler, Handwerker und andere Gewerbetreibende, die Waren und Güter zu transportieren hatten. So entstand kaum ein Jahr nach dem Debüt der Vespa das Lastendreirad Ape, zu Deutsch »Biene«, eine Vespa mit einem zweispurigen hinteren Ladeabteil. Angetrieben wurde es von einem ebenfalls luftgekühlten Zweitaktmotor, der mit 125cm³ etwas größer und kräftiger ausfiel und bereits in einigen der für den Export bestimmten Vespas Dienst tat und ein Jahr später, 1948, auch das Nachfolgemodell der Vespa 98, die Vespa 125, antreiben sollte.

Nach Ausgliederung der Aerosparte wurde Pontedera zum Hauptstandort für die Herstellung der Landfahrzeuge. Von einem kurzen Intermezzo abgesehen, als zwischen 1958 und 1961 bei den A.C.M.A. in Frankreich der Kleinwagen Vespa 400 aufgelegt wurde, blieb die Fahrzeugproduktion zunächst auf die beiden Linien Vespa und Ape beschränkt. Als die Kapazitäten in Pontedera der ständig wachsenden Nachfrage aus dem Ausland nicht mehr standhalten konnten, bemühte sich Piaggio seit Beginn der 1950er Jahre um Lizenznehmer in den stärksten Exportländern. Europa betreffend waren dies in Deutschland die Hoffmann-Werke in Lintorf bei Düsseldorf, in Frankreich die Ateliers de Construction des Motocycles et d`Accessoires, kurz A.C.M.A., in Fourchambault, in England der Zweiradbauer Douglas in Bristol, in Spanien die Moto Vespa S.A. in Ciudad Lineal, einem Vorort von Madrid, und in Belgien die Moto Industry S.A. in Jette bei Brüssel. Weitere Produktionsstätten fanden sich in Brasilien, Indien, Indonesien, Iran, Malaysia, Pakistan, Singapur und Taiwan. Sie alle existieren schon lange nicht mehr, allein Motovespa hatte noch bis 2005 überlebt. Anders das Stammwerk in Italien: dank optimierter Produktionsabläufe und teilautomatisierter Herstellungs-

Dieses im Originalfarbton Amaranth restaurierte Fahrzeug stammt aus der Nullserie (Zero) und ist die älteste überhaupt noch existierende Vespa von unschätzbarem Wert in Privatbesitz.

verfahren konnten der Ausstoß kontinuierlich gesteigert und so auch noch die ausländischen Absatzmärkte bedient werden. Erst im neuen Jahrtausend hat Piaggio wieder außereuropäische Produktionsstätten errichtet: 2009 in Vietnam und 2012 in Indien. Nichts veranschaulicht die Vorherrschaft Piaggios mehr als nackte Zahlen: am 28. April 1956 lief die 1-millionste Vespa vom Band und inzwischen kommen jedes Jahr 220.000 dazu. Heute sind es mehr als 19 Millionen. Hintereinander aufgereiht würden sie eine Kette von 35.000km Länge ergeben, fast einmal rund um die Erde - und ein Ende ist nicht abzusehen.

Die Ape aus der ersten Serie kann ihre Abstammung von der Vespa nicht leugnen. Der 125cm³-Motor treibt die beiden Hinterräder über Ketten an*.

*) Mehr über die Ape in dem Standardwerk: »Piaggio Ape – die fleißige Schwester der Vespa« vom Autor dieses Buches, erschienen bei Motorbuch, Stuttgart.

Produktionsstraße im Werk Pontedera um 1960.

Firmenchef Enrico Piaggio blickt voller Stolz auf die fabrikneuen Fahrzeuge: 1954 wurde die Vespa 150 ins Programm genommen, sie trägt den Scheinwerfer bereits am Lenkkopf, einige Vespa 125 haben ihn noch vorne auf dem Schutzblech.

Die ausländischen Produktionsstätten änderten das Logo mehr oder minder ausgeprägt ab, in Lintorf wurde gar das klassische Piaggio-P gegen das geschwungene Hoffmann-H ausgetauscht. In Nordamerika wurde die Vespa nur endmontiert, dafür aber umso selbstbewußter unter dem Namen »Allstate« verkauft.

links: Titelbild der Piaggio Hauszeitschrift zur 1-millionsten Vespa am 28. April 1956.

rechts: 1961 war die Vespa der meistverkaufte Roller der Welt.

III. Meilensteine der Modellgeschichte

Auf der Straße des Erfolgs

Vespa 98 (1946)

Das Konzept der Vespa war völlig neuartig und hatte mit allen bisherigen Konventionen im Zweiradbau gebrochen. Aber es war überaus erfolgreich: die Fahrzeuge waren günstig in Anschaffung und Unterhalt und erwiesen sich als robust und zuverlässig im Alltag.

Vespa 125 Faro Basso (1948)

Natürlich blieb die Entwicklung nicht stehen. Bereits bei der Vespa 98 flossen zahlreiche technische Verbesserungen in die zweite Serie ein, darunter ein größerer Scheinwerfer. Und mit der Vespa 125 kam 1948 nicht nur ein größerer und leistungsfähigerer Motor, sondern auch ein komfortableres und spurtreueres Fahrwerk: die Vorderradaufhängung erhielt eine längere Schwinge und eine sensibel ansprechende Schraubenfeder anstelle der

Die Vespa 98 der ersten Serie hatte noch ein halbverkleidetes Vorderrad und einen winzigen Scheinwerfer mit einem mickrigen 5W-Birnchen.

Vespa

dicken gewickelten Bandfeder, und der hintere Gummipuffer wurde durch eine weitere Schraubenfeder mit hydraulischem Dämpferelement ersetzt.
Die Vespa 125 mit dem Scheinwerfer auf dem Schutzblech (Faro Basso, zu Deutsch: Lampe unten) blieb mit einigen Modifikationen noch bis 1957 im Programm.

Der Motor der ersten Vespa 125 war mit 4PS etwas kräftiger, es blieb aber wie bei der Vespa 98 bei einer Höchstgeschwindigkeit von 60km/h. Die Vorderradaufhängung war auf die rechte Seite gewandert. Es gibt jetzt zwar mehr Federweg, aber noch keine Dämpfung.

Vespa 150 (1954) Vespa GS (1955)

1954 wurde die stärkere Vespa 150 mit 5,4PS aufgelegt, zu erkennen an dem Scheinwerfer oben am Lenker.
Noch ein Jahr später, 1955, landet Piaggio mit der betont sportlichen Vespa GS einen echten Knaller: 8PS haben die Ingenieure aus dem 150er Motor gekitzelt und verhelfen dem neuen Modell zu einer Höchstgeschwindigkeit von damals fast unvorstellbaren 100km/h.

In der zweiten Serie der Vespa 125 wurde die Radaufhängung um einen hydraulischen Dämpfer erweitert. Dieses Bauprinzip ist bis heute beibehalten worden und findet sich noch sehr ähnlich im aktuellen Modelljahrgang, hier allerdings nicht mit getrennten Elementen, sondern mit einem Federbein, bei dem sich Dämpfer und Feder in einem Bauteil befinden. Auf der Vergleichsaufnahme von der Vespa 98 kann man sehr schön die Unterschiede zwischen den beiden Konstruktionen erkennen.

1951 wurde die hakelige Gestängeschaltung von einer leichtgängigen Seilzugkonstruktion abgelöst. Neben dem Kupplungsgriff sitzt eine kreisrunde Manschette, von der zwei Bowdenzüge abgehen.

Vespa 125 und Vespa 150, nicht aber die Vespa GS, bekommen 1957 eine völlig neue Karosserie: der Rahmen wird nicht mehr aus zahlreichen Einzelblechen zusammengesetzt, sondern aus zwei Halbschalen, erkennbar an der Mittelnaht und der fehlenden Vergaserklappe. Nach diesem Konzept werden bis heute durch alle Baureihen sämtliche Fahrzeuge mit dem Namen Vespa hergestellt.

Vespa T.A.P. (1956)

Eine Kuriosität der besonderen Art entstand auf Druck der Armeeführung 1956 bei den Ateliers A.C.M.A. in Frankreich: die Vespa 150 T.A.P. (Troupes Aeroportées) für die Luftlandetruppen. Sie bekam ein besonders robustes Fahrwerk und war mit einer Bordkanone ausgestattet. 1956 kam sie in Algerien und 1959 in Indonesien zum Kriegseinsatz. Die dort unter Extrembedingungen gemachten Erfahrungen wurden sorgsam von den Ingenieuren Piaggios analysiert und haben wichtige Erkenntnisse für die Belastbarkeit der Fahrwerkskomponenten gebracht, die in die Serienproduktion eingeflossen sind.

Vespa 400, der glücklose Kleinwagen (1957)

Entworfen in Italien, gebaut in Frankreich: 1957 erblickte der Kleinwagen Vespa 400 das Licht der Welt, angetrieben von einem 2-Zylinder-2-Takt-Motor mit 14PS im Heck. Obwohl es einige Exemplare bis nach Amerika und sogar Australien geschafft hatten, blieb dem Wägelchen in Europa der große Erfolg versagt – bereits 1961 wurde die Produktion wieder eingestellt.

Die Drehschiebermotoren (1958/59)

Ein Meilenstein in der Motorentwicklung stellt die Einführung der Drehschiebersteuerung dar, zuerst in der Vespa 125 im Jahr 1958, dann ein Jahr später auch in der Vespa 150, nicht aber in der GS.

Mit einem Hubraum von 145,5cm³ und 5,4PS schafft die neue Vespa 150 75km/h.

8PS und 100km/h Spitze sind die Eckdaten der sportlichen GS, von der es insgesamt 4 Serien gab, die ersten drei mit 150cm³ und ausschließlich in Silber, von 1962-64 dann mit 8,5PS aus 160cm³ Hubraum.

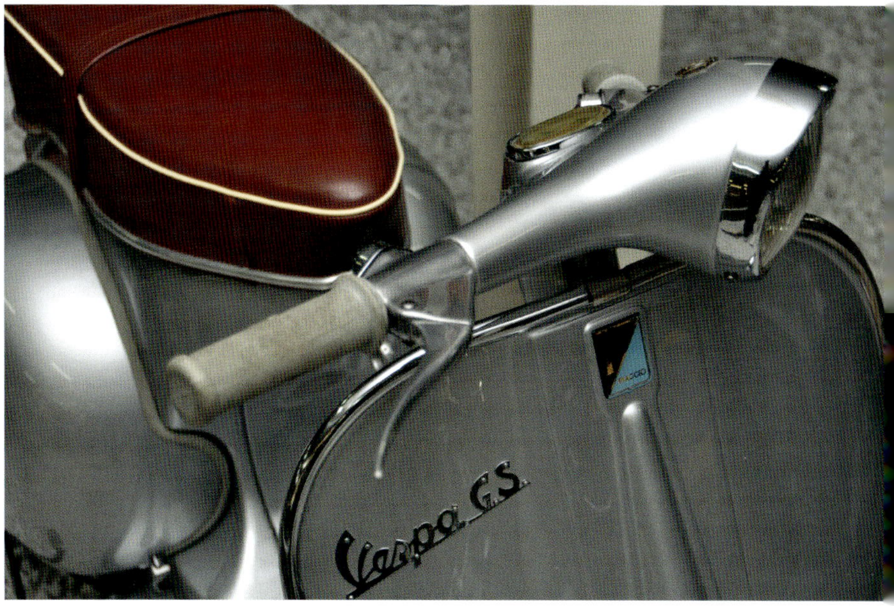

Als Erste bekommt die Vespa 125 die neue Halbschalenkarosserie. Sie hat sogar noch einen horizontal geteilten Lenker, in dem alle Züge und Leitungen versteckt sind. Ein Jahr später folgt die Vespa 150 und erst 1962 die GS, dann aber auch mit einem größeren Motor mit 160cm³.

(In der allerersten Serie war der vordere Kotflügel noch wie bisher aus einem Stück gezogen. Bei dem abgebildeten Fahrzeug erkennt man an der Mittelnaht, dass er aus zwei Hälften zusammengefügt wurde).

Vespa 150 T.A.P.: zu Friedenszeiten in Kriegsmontur im Einsatz.

Mit einer Länge von nur 2,83m war der Vespa 400 ein Winzling unter den Kleinwagen.

Bei der klassischen Schlitzsteuerung strömt das Gasgemisch durch eine Öffnung unten in der Zylinderwand vom Vergaser ins Motorgehäuse (Abb.1, S.47) und durch eine Öffnung weiter oben im Zylinder nach der Verbrennung als Abgas wieder aus. Da die Öffnungen (»Schlitze«) durch die Auf- und Abbewegung des Kolbens geöffnet bzw. geschlossen werden, spricht man auch von einer Kolbenkantensteuerung. Beim Drehschieber gelangt nun das Frischgas durch eine Öffnung im Motorgehäuse direkt in den Kurbelraum. Freigegeben wird die neue Öffnung durch eine Aussparung in der mächtigen Kurbelwange, verschlossen wird sie, wenn die Aussparung durch die Rotation der Kurbelwelle die Öffnung passiert hat, daher der Name Drehschieber. Der Vorteil dieser Neuerung

Die Klinge des Schraubenziehers (linkes Bild) zeigt in die ovale Einlassöffnung im Kurbelgehäuse. Bei eingesetzter Kurbelwelle erkennt man die Aussparung in der Kurbelwange. Zur besseren Übersicht ist die Kurbelwelle noch nicht ganz eingeschoben. In ihrer endgültigen Position verschwindet die Kurbelwange vollständig im Gehäuse.

besteht darin, dass einerseits der Ölanteil im 2-Takt-Gemisch von 5% auf 2% abgesenkt werden konnte, weil damit eine ausreichende Schmierung, namentlich des empfindlichen unteren Pleuellagers, gewährleistet war und andererseits durch eine verbesserte Strömungsdynamik der Wirkungsgrad des Motors erhöht wurde (zur Funktionsweise des Zweitaktmotors s. S.46/47).

Ganz ohne die runden Seitenbacken, dafür mit einem völlig neuen Scheinwerfer und in edlem Elfenbein tritt die elegante Vespa GL auf die Bühne.

Ein riesiger Rundscheinwerfer, hier bei der GTR, löst den bisherigen Trapezscheinwerfer 1968 ab.

Prominentester Vertreter der Generation mit dem riesigen Rundscheinwerfer ist die Rally 200, zu erkennen an den seitlichen Streifen und dem Schriftzug »Electronic«.

Angeführt wird der Corso von mehreren Rally 200, bei den beiden Roten kann man auf den Seitenbacken die weißen Längsstreifen gerade noch erkennen.

Schlankes Trapezdesign (1962)

1962 tritt eine moderne Fahrzeuggeneration mit einer schlanken, gestreckten und geglätteten Karosserie ihren Dienst an. Prägendes Erkennungsmerkmal ist ein trapezförmiger Hauptscheinwerfer. Den Anfang macht die ganz in vornehmem Elfenbein gehaltene Vespa 150 GL. 1965 folgen GT (125cm³), Sprint (150cm³) und Super Sport (180cm³).

Kontaktloszündung und Getrenntschmierung (1972)

Die Nachfolger der avantgardistischen Trapezmodelle erhalten ab 1968 wieder einen klassischen Rundscheinwerfer, der mit einem Durchmesser von 130mm so groß und prominent wie nie zuvor ausfällt: GTR (125cm³), Sprint Veloce (150cm³), TS (125cm³) und Rally 180 (180cm³). Überstrahlt werden sie 1972 von der alles überragenden Rally 200, die als Erste serienmässig eine kontaktlose elektronische Zündung und später sogar auf Wunsch eine automatische Getrenntschmierung bekommt, die dann schließlich bei der PX Lusso Standard wird. Zu erkennen gibt sich die Rally 200 an breiten seitlichen Längsstreifen mit der Inschrift »Electronic«.

Große kleine Vespa (1963)

Um den Markt an 50cm³ Mopeds und Kleinkrafträdern nicht kampflos den aufstrebenden asiatischen Importeuren zu überlassen, gibt Piaggio 1963 die passende Antwort mit einem gänzlich neuen Fahrzeugkonzept: eine echte Vespa, nur viel kleiner, fast so, als sei sie etwas zu heiß gewaschen worden – die Vespa 50. Neu ist nicht nur die Karosserie mit fest integrierten Seitenbacken, sondern auch der um 45° nach vorne geneigte Motor. Mit einem einfachen Sitz ausgerüstet und auf 40km/h gedrosselt, darf sie in Italien ohne Tacho und Nummernschild schon mit 14 Jahren gefahren werden, ungedrosselt und für 2 Personen zugelassen, wird sie als 50S zum Renner auf den Exportmärkten. Damit war aber das Potential der kleinen Karosserie noch lange nicht ausgeschöpft: allein mit dem 50er Triebwerk gibt es als 50L, 50R, 50SR und 50 Sprinter noch zahlreiche Varianten mit Rundscheinwerfer, als 50 Special mit Rechteckscheinwerfer und als SS50 mit einer provokant-aggressiven Karosserievariante (s. Abb. S. 38). Und weil das noch nicht genügte, gleich noch eine 90 und SS90 dazu. Doch dabei ist es nicht geblieben: mit einem konstruktiv gleichen Motor mit 125cm³ Hubraum gibt es 1965 auch noch eine Vespa 125 nuova, die zwei Jahre später zur Primavera mutiert und 1977 ihre Krönung als ET3 mit drei Überströmkanälen und elektronischer Zündung erfährt.

Vespa 50 mit integrierten Seitenbacken aus der ersten Serie

Vespa SS50 mit verschmälertem Beinschild, nach unten abgewinkeltem Kurzlenker und tankähnlichem Behälter mit Auflagekissen.

In der letzten Evolutionsstufe bekommt die Primavera als ET3 drei Überströmkanäle und eine elektronische CDI-Zündung.

Der Klassiker schlechthin: Vespa PX mit kantiger Linienführung, hier aus der ersten Serie noch ohne Blinker und Getrenntschmierung.

Der Klassiker: Vespa PX (1977)

15 Jahre nachdem die GL bereits auf die rundlichen Seitenbacken verzichtet hatte, folgt 1977 mit der »Neuen Linie« (Linea nuova) eine kompromisslos kantige Baureihe, die zum erfolgreichsten handgeschalteten Modell aller Zeiten wird und auf den Namen PX hört. Sie bleibt - von einigen optischen und technischen Modifikationen sowie einer kurzen Unterbrechung abgesehen – 40 Jahre, bis 2017, im Programm. 1998 war sie die erste Vespa, die mit einer hydraulischen Scheibenbremse versehen wurde, allerdings nur am Vorderrad. Mit ihr endet nach über 70 Jahren endgültig die Ära der Vespa als Schaltroller.

Von der PX abgeleitet, aber mit eigenständigem Namen und Design, wurde 1985 die 125 T5 Pole Position eingeführt, die diese Bezeichnung wegen ihrer fünf Überströmkanäle erhalten hat. Ihrem sportlichen Anspruch gemäß wurde die Erscheinung angepasst. Schließlich darf nicht unerwähnt bleiben, dass der PX 1982 eine Schwester zur Seite gestellt wurde, die ihr zum verwechseln ähnlich sah und nur kleiner war: die Vespa PK, deren Karosserie wie vormals bei der Vespa 50 fest integrierte Seitenbacken und ebenfalls die schräg geneigten Motoren hatte. Obwohl technisch ausgereift, konnte sie nie an den Erfolg der kleinen Vorgängerin heranreichen.

Die Unverstandene: Cosa

Es ist kein Geheimnis, dass Piaggio mit der Fixierung auf ein Fahrzeugprogramm, das zwar ständig weiterentwickelt wurde, im Grunde aber dem Nachkriegsstandard entsprach, im Laufe der 1980er Jahre in Bedrängnis geriet, zumal asiatische Hersteller mit modernen Konstruktionen und einer aggressiven Preisgestaltung auf die Weltmärkte drängten. Vor diesem Hintergrund präsentierte Pontedera 1987 einen ganz neuen Roller, der nicht nur aussah wie eine im Windkanal geglättete Vespa, sondern das auch tatsächlich war: anstelle der prominenten Kaskade hatte die Cosa, so der neue Name, ein breites flaches Kunststoffschild, bündig in die Karosserie eingelassene Blinkleuchten und futuristisch anmutende Kunststoffspiegel mit durchbrochenen Armen.

Die Motoren wurden von der PX übernommen, doch es gab einen automatischen Choke und Benzinhahn, einen Halogenscheinwerfer und als Highlight eine hydraulische Bremsanlage, für die später sogar ein Antiblockiersystem verfügbar war. Damit war sie ihrer Zeit voraus und blieb doch unverstanden: den Puristen ging sie zu weit, und Neueinsteiger orientierten sich gleich anderweitig. 1996 kam das Aus.

Die lückenlose Modellgeschichte von den Anfängen bis zum aktuellen Modelljahrgang ist in dem reich bebilderten Buch »Vespa – die Geschichte des Kultklassikers« vom Autor dieses Buches nachzulesen, erschienen im Motorbuch-Verlag.

So sah keine andere aus: T5 mit Rechteckscheinwerfer.

Obwohl sie eine echte Vespa war, war der Cosa nur ein kurzes Leben beschert.

IV. Vom Zwei- zum Vier-Takt-Motor

Die Evolution des Verbrennungsmotors

Das Industrielle Zeitalter hatte Fahrt aufgenommen und erlebte in der zweiten Hälfte des 19. Jahrhunderts eine langdauernde Blütezeit.

Die Brüder Wilhelm und Nikolaus August Otto widmeten sich in ihrer Werkstatt in Köln mit wechselndem Erfolg der Konstruktion neuartiger Verbrennungsmotoren. Nach dem Ausscheiden Wilhelms gelang Nikolaus August zusammen mit dem Polytechniker Eugen Langen der Durchbruch in Form eines zuverlässig arbeitenden Flugkolbenmotors mit einem offenen Zylinder. Der Fleiß der beiden wurde im Jahr 1867 auf der Weltausstellung in Paris mit einer Goldmedaille für den wirtschaftlichsten Kleinmotor belohnt. Ihre Maschine begnügte sich mit nur einem Drittel des Verbrauchs derer des Franzosen Jean Etienne Lenoirs.

Ausgerechnet Lenoirs Motor aber, der über einen geschlossenen Zylinder verfügte und nach dem Zweitaktprinzip arbeitete, stand dann Pate für den bahnbrechenden Viertaktmotor, den Otto 1876 erfand, und für den ihm ein Jahr später das Deutsche Reichspatent Nr. 532 verliehen wurde.

Auf eine Empfehlung des VDI (Verein deutscher Ingenieure e.V.) aus dem Jahr 1936 steht der Begriff „Ottomotor“ heute generell für Hubkolbenmotoren mit innerer Verbrennung. Umgangssprachlich gilt der Begriff allerdings für einen Benzinmotor, während man bei einem Selbstzünder von einem Dieselmotor spricht.

Der Verbrennungsmotor

Das Grundprinzip

Um die Vor- und Nachteile zwischen Zwei- und Viertaktmotoren zu verstehen, muss man deren unterschiedliche Arbeitsweise kennen. Beiden gemeinsam ist das Arbeitsprinzip: es handelt sich um kraftstoffbetriebene Hubkolben-Verbrennungsmotoren – aber was passiert da eigentlich?:

In einem Zylinder bewegt sich ein dosenförmiger Kolben auf und ab. Der Weg vom tiefsten bis zum höchsten Punkt wird als Hub bezeichnet, der Raum dafür im Zylinder entsprechend Hubraum. Je eine Auf- oder Abbewegung entspricht einem »Takt«. Der Kolben ist über eine Stange, das Pleuel, beweglich mit einer Welle, der Kurbelwelle, verbunden. Dadurch wird die Hubbewegung des Kolbens in eine Drehbewegung der Kurbelwelle überführt. Wie das im einzelnen funktioniert, veranschaulichen die Abbildungen.

Damit der Kolben sich bewegt, wird eine Kraft benötigt, die ihn von oben nach unten drückt. Das geschieht, indem in einem abgeschlossenen Raum über dem Kolben, dem Brennraum - einer Mulde im Zylinderkopf - ein hochexplosives komprimiertes Luft-Kraftstoffgemisch zur Explosion gebracht wird und sich dabei ausdehnt. Beim Benzinmotor erfolgt dies durch den Funken der Zündkerze, beim Dieselmotor durch Selbstentzündung. Bevor der Vorgang wiederholt werden kann, muss das verbrannte Gas ausgestoßen werden, der Brennraum wieder gefüllt, das Gasgemisch verdichtet und schließlich erneut gezündet werden.

Diese vier Arbeitsschritte, nämlich Ansaugen, Verdichten, Verbrennen (= Arbeiten) und Ausstoßen, wiederholen sich in immer gleicher Weise.

Der Zweitaktmotor

Nachdem das zündfähige Gasgemisch durch Zerstäubung des Kraftstoffs und Luft im Vergaser erzeugt wurde, wird es durch einen Schlitz unten im Zylinder zunächst ins Kurbelgehäuse angesaugt, daher der Name Saugmotor. Dies geschieht aufgrund des Unterdrucks, der dort entsteht, wenn sich der Kolben nach oben bewegt. Abgedichtet wird der Einlassschlitz durch die Wand des Kolbens. Er öffnet sich, wenn der untere Kolbenrand nach oben gleitet und schließt sich wieder bei der Abwärtsbewegung des Kolbens. Man spricht deswegen von einer Schlitz- oder Kolbenkantensteuerung. Das Abgas entweicht durch einen höher gelegenen Auslassschlitz, wenn der Kolben nach der Zündung wieder nach unten fährt und der obere Kolbenrand das Schlitzfenster freigibt. Gleichzeitig kommt es im Kurbelgehäuse zu einer Vorverdichtung des angesaugten Frischgases, das durch den dann entstehenden Überdruck durch einen sog. Überströmkanal in der Zylinderwand nach oben in den Brennraum gelangt. Das letzte Abgas entweicht, bis der obere Kolbenrand den Auslassschlitz bei der nächsten Aufwärtsbewegung wieder verschließt.

Beim Zweitaktmotor finden die oben beschriebenen vier Arbeitsschritte nicht einzeln hintereinander statt, sondern in nur zwei Takten, nämlich Verdichten in der Brennkammer und gleichzeitig Ansaugen in die Kurbelkammer mit der Aufwärtsbewegung des Kolbens im ersten, und Verbrennen, Vorverdichten, Auslassen und Überströmen mit der Abwärtsbewegung des Kolbens im zweiten Takt. Somit ist jeder zweite Takt ein Arbeitstakt, daher der Name Zweitaktmotor.

Die Zweitaktmotoren besitzen keinen eigenen Ölkreislauf, sondern erhalten ihre Schmierung durch dem Kraftstoff beigemischtes Öl.

Piaggio hat die 2T-Motoren im Laufe der Jahre und Jahrzehnte durch Optimierung der Baukomponenten wie bei den Kolbenformen oder der Anzahl der Überströmkanäle bis zu Meilensteinen wie der Drehschiebersteuerung 1958/59, der Getrenntschmierung 1972, der Membransteuerung 1983 und sogar einer Einspritzversion 1998 immer weiter entwickelt.

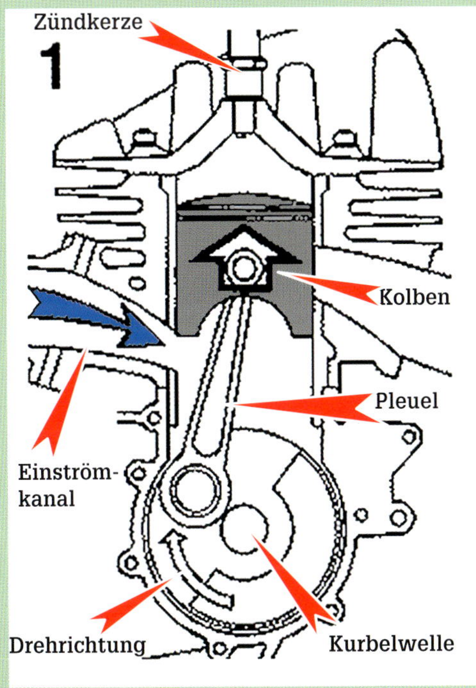

1. Der Kolben bewegt sich nach oben, verschließt den Auslass und gibt den Einlass frei. Durch den Unterdruck im Kurbelgehäuse strömt Frischgas ein.

2. Je weiter der Kolben nach oben wandert, umso stärker wird das bereits zuvor eingeströmte vorverdichtete Frischgas komprimiert.

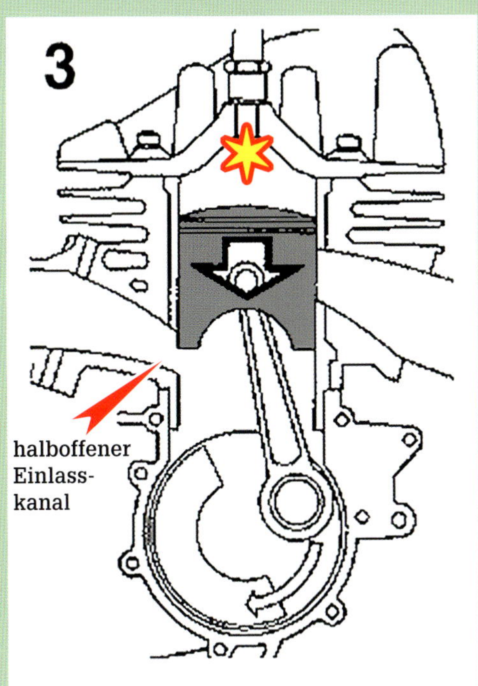

3. Durch den Funken der Zündkerze wird das verdichtete Gas zur Verbrennung gebracht, dehnt sich aus und treibt den Kolben nach unten. Der Einlass wird verschlossen und das frische Gas im Kurbelgehäuse vorverdichtet.

4. Durch die Abwärtsbewegung des Kolbens wird der Auslass freigegeben. Das Abgas (rot) gelangt in den Auspuff und das neue vorverdichtete Frischgas (blau) gelangt durch die Überströmkanäle nach oben in den Brennraum. Der Prozess beginnt von vorne.

Der Viertaktmotor

Im Unterschied zum Zweitaktmotor erfolgen beim Viertaktmotor Ein- und Auslass des Gasgemischs durch Ventile im Zylinderkopf. Es gelangt somit auf direktem Weg in den Brennraum und als Abgas wieder hinaus. Dafür ist mindestens ein Einlass- und ein Auslassventil erforderlich (2V). Die Granturismo-Motoren verfügen über je zwei Einlass- und zwei Auslassventile (4V), wodurch ein besserer Gaswechsel und eine höhere Leistungsausbeute ermöglicht wird. Die Steuerung der Ventile erfolgt durch eine Nockenwelle im Zylinderkopf (overhead camshaft - ohc), die wiederum über eine Kette von der Kurbelwelle angetrieben wird.

Jeder der vier oben genannten Arbeitsschritte erfordert hier eine ganze Hubbewegung, also einen »Takt«, zuerst das Einströmen des Frischgases bei geöffnetem Einlassventil, dann das Verdichten, Zünden und Verbrennen bei geschlossenen Ventilen und dadurch die Abwärtsbewegung des Kolbens (Arbeitstakt), danach die Aufwärtsbewegung des Kolbens mit Ausstoßen des Abgases bei geöffnetem Auslassventil und schließlich während der nächsten Abwärtsbewegung das erneute Einströmen von Frischgas für den nächsten Arbeitstakt. Im Unterschied zum Zweitaktmotor ist nur jeder vierte Takt auch ein Arbeitstakt, daher der Name Viertaktmotor.

Wie beim Zweitaktmotor kann das Frischgas durch Zerstäubung des Kraftstoffs und Beimischung von Luft in einem Vergaser erzeugt und angesaugt werden. Dies geschieht auch hier durch den Unterdruck des sich abwärts bewegenden Kolbens (Saugmotor). Bei den neueren 4-T-Motoren wird der Kraftstoff durch eine Düse in den Ansaugstutzen gespritzt (Einspritzmotor), womit ein höherer Wirkungsgrad und eine Kraftstoffeinsparung erreicht wird. Eine Weiterentwicklung, allerdings nicht bei der Vespa, ist die direkte Einspritzung des Kraftstoffs in den Brennraum (Direkteinspitzung).

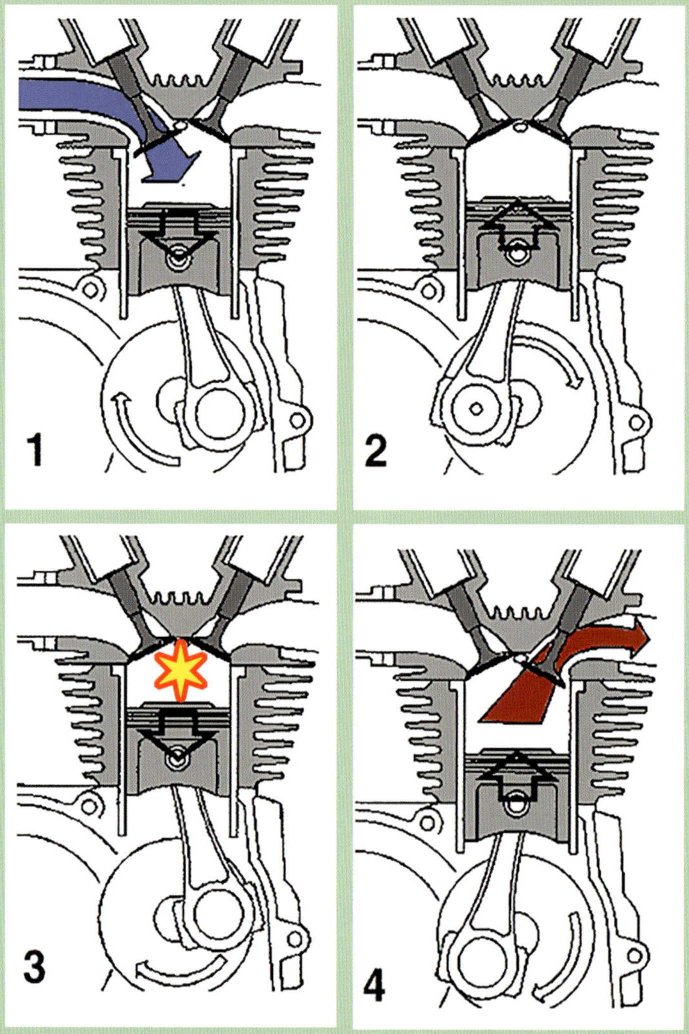

1: Das Einlassventil öffnet, während der Kolben nach unten fährt. Frischgas (blau) strömt ein.

2: Während sich der Kolben wieder nach oben bewegt, wird das Gasgemisch bei geschlossenen Ventilen im Brennraum verdichtet.

3: Das Gas wird durch den Funken der Zündkerze zur Explosion gebracht und dehnt sich aus. Der Kolben wird nach unten gedrückt.

4: Während sich der Kolben erneut nach oben bewegt, öffnet das Auslassventil und das verbrannte Gas (rot) gelangt in den Auspuff.

Während dem Zweitaktmotor zur Schmierung Öl ins Benzin beigemischt wird, verfügt der Viertaktmotor über einen getrennten Ölkreislauf.

Der einfach aufgebaute und daher auch leicht instand zu setzende Zweitaktmotor arbeitet sehr effizient und zeichnet sich gegenüber dem Viertaktmotor bei gleichem Hubraum und gleicher Nominalleistung im Allgemeinen durch ein höheres Drehmoment und besseren Durchzug aus. Jahrzehntelang stellte er die einzige Antriebsquelle der Vespa dar und war noch bis 2017 in der PX sehr beliebt. Seine Nachteile liegen in einem deutlich höheren Kraftstoffverbrauch, und je nach Einsatzbedingungen können übermässige Rußablagerungen eine Revision des Zylinders und der Abgaswege erfordern. Die berüchtigten Kolbenfresser aufgrund von Überhitzung sind in der Regel eher auf mangelhafte Wartung und Unachtsamkeit zurückzuführen. Besiegelt wurde das Schicksal des Zweitaktmotors in der Vespa allerdings durch die zunehmend strengeren Abgasbestimmungen. In dieser Beziehung ist der Viertaktmotor nicht zu schlagen, und in der Granturismo-Baureihe kommt hinzu, dass der Flüssigkeitsmantel der Kühlung einen angenehm dämpfenden Effekt auf die Geräuschentwicklung hat.

Eingeführt wurde der erste Viertaktmotor des Hauses Piaggio nicht etwa in einer Vespa, sondern im ersten Roller einer neuen Generation, der Sfera, mit der im Jahr 1990 sogleich der Umbruch des Antriebskonzeptes für die Zukunft eingeläutet wurde. Als erste Vespa kam die völlig neu entwickelte ET4-125 1996 in den Genuss des Viertaktantriebs, damals allerdings luftgekühlt wie bei der Sfera.

Mit gewinnendem Lächeln wirbt die junge Dame auf dem Plakat für die brandneue Sfera von Piaggio.

V. Patin der Granturismo – Vespa ET

Vom Schaltgetriebe zum Automatikantrieb

Piaggio in Not

Am Ende von Kapitel III wurde bereits angedeutet, dass Piaggio mit seiner konservativen Ausrichtung in den 1980er Jahren in finanzielle Bedrängnis geriet. Der wirtschaftliche und gesellschaftliche Wandel, den der zunehmende Wohlstand mit sich brachte, ging mit einem veränderten Verbraucherverhalten einher. Dem Motorroller – und hier besonders dem klassischen Schaltroller – haftete ein leicht angestaubtes Image an. Er diente immer weniger als Fortbewegungsmittel und immer mehr als Freizeitvehikel. Importeure aus Fernost drängten mit hochmodern konzipierten Zweirädern und einer aggressiven Preisgestaltung auf den europäischen Markt. Nachdem auch die klassisch-modernisierte Cosa verschmäht wurde und die Absatzzahlen in den Keller gingen, schrillten in Pontedera die Alarmglocken. Ein neues Konzept musste her. Und zwar schnell!

PIAGGIO

5. Vespa ET

Mit der klassischen Silhouette, dem geschwungenen Durchstieg und dem Scheinwerfer im Lenkkopf lässt die neue ET keine Zweifel an ihrer Herkunft. Die vespatypischen Seitenbacken sind in die Karosserie integriert und im Windkanal geglättet worden. Von der prominenten Kaskade ist nur noch ein flaches Schild übrig geblieben, das bündig eingelassen ist. Zu dem eleganten Fahrzeug passt das gleichfarbig lackierte Topcase, das zugleich als Rückenlehne für den Sozius dient.

Die Sfera – ein neues Rollerkonzept

Diese Einsicht reifte bereits unter dem damaligen Konzernchef Umberto Agnelli, der 1965 Enrico Piaggio in dieser Funktion beerbt hatte. Noch unter seiner Leitung wurden die Weichen für einen Roller der neuen Generation gestellt, der 1990 in Gestalt der Sfera auf den Markt kam. Er brach mit der bisherigen Tradition und allen Konventionen, die die Vespa berühmt und Piaggio nach dem Krieg wieder groß gemacht hatten: ein Stahlrohrrahmen mit Kunststoffbeplankung anstelle lackierten Blechs, ein laufruhiger Viertaktmotor mit stufenloser Getriebeautomatik anstelle eines knatternden Zweitakters mit Schaltgetriebe, und eine zupackende vordere Scheibenbremse anstelle der schwächlichen Trommelbremse (wobei angemerkt werden muss, dass in der Mopedklasse von Anfang an ein kleiner Zweitakter mit 50cm³ Dienst in der Sfera tat, allerdings hier ebenfalls mit stufenloser Getriebeautomatik).

Dass das neue Fahrzeug die Gemüter gespaltet und eingefleischte Puristen unter den Vespianern verschnupft zurückgelassen hat, lag auf der Hand. Doch Befindlichkeiten hin oder her, zur Disposition stand das nackte Überle-

Kühlrippen an der Ölwanne und ein kreisrundes Schauglas für den Ölstand weisen auf den neuen Viertaktmotor hin, der für die Zukunft zusammen mit der stufenlosen Kraftübertragung das Maß der Dinge in der Antriebstechnik darstellt.

ben des Unternehmens. Alles oder nichts und nichts dazwischen. Insofern erfüllte die Sfera ihre Mission, sie sprach breite Bevölkerungsschichten, vor allem aber junge Leute, an. So gelang es Piaggio, wieder Tritt zu fassen. Um aber die Zukunft dauerhaft abzusichern, ging es um nicht weniger als die Frage: war die traditionelle Vespa, die Piaggios Weltruf auf dem Rollermarkt begründet hatte, war diese Vespa überhaupt zukunftsfähig?

Die Vespa ET – ein radikaler Neubeginn

Auf dem Höhepunkt der Krise, noch bevor sich ein Erfolg der Sfera überhaupt abzeichnen konnte, übernahm 1988 im Alter von erst 28 Jahren Giovanni Alberto Agnelli die Leitung Piaggios von seinem Vater Umberto, der dem Unternehmen 23 Jahre vorgestanden hatte. Aufgewachsen als Spross der wohl mächtigsten und einflussreichsten Industriellen-Dynastie Italiens – der Agnelli-Clan zog nicht nur in einem weit verzweigten Netz unterschiedlicher Industrieunternehmen die Fäden, sondern hatte auch über Generationen die Geschicke des Automobilgiganten FIAT in Turin bestimmt – genoss der junge „Giovannino" eine hervorragende Erziehung und akademische Ausbildung, die ihm Weltoffenheit und Weitblick verlieh. Fest der Tradition des Hauses verbunden, verkannte er aber nicht die dramatische Schieflage der Firma und die Dringlichkeit einer grundlegenden Sanierung und Neuausrichtung.

Agnelli war bewusst, dass das Unternehmen Piaggio nur überleben konnte, wenn es in der Lage war, konkurrenzfähige Produkte auf dem Weltmarkt anzubieten. Damals entfielen gerade 12% der weltweit verkauften motorisierten Zweiräder auf Europa, Tendenz fallend, und weit über Europa kam Piaggio nicht mehr hinaus. Der junge Chef berief deshalb 1990 eine „Task Force" ein, die mit Vertretern sämtlicher Abteilungen besetzt war. In diesem Gremium wurden - endlich muss man sagen - zukunftsweisende Lösungen erdacht, diskutiert, auf Machbarkeit untersucht und entweder verworfen oder – umgesetzt wie das Projekt „Zukunftsvespa".

Chefingenieur Lucio Masut fiel die nicht gerade einfache Aufgabe zu, die Forderung nach moderner Technik und Umweltverträglichkeit, oder wie man heute sagt: mehr Ökonomie und Ökologie, so zu vereinen, dass auch die Traditionalisten unter den Kunden versöhnt werden. Das Vorhaben war schwierig, aber es gelang! 1996, fünfzig Jahre nach der Geburt der Vespa, erblickt mit der Vespa ET ein Fahrzeug mit einem völlig neuen Antriebskonzept und in einem neuen Gewand das Licht der Welt, das ganz anders als bisher und doch unverkennbar eine echte Vespa war. Die Verwirklichung seiner Idee durfte Agnelli noch erleben. Wenige Monate später starb er völlig unerwartet im Alter von 36 Jahren.

Die gefällige schlanke Stahlblechkarosserie mit den klassischen Stilmerkmalen wurde nach neuesten produktionstechnischen Anforderungen konstruiert und ermöglichte eine weitgehend automatisierte Herstellung, wo bisher zeit- und kostenintensive Handarbeit erforderlich war. Auch Kunststoff kommt zum Einsatz, und zwar für den Kotflügel, die zweischalige Lenkerverkleidung, ein flaches Schild mit eingelassener Hupe, wo früher einmal die Kaskade war, die Bodenplatte mit Trittbrettern, das Staufach am Beinschild, Blenden an den Seitenbacken und eine Wartungsklappe im Durchstieg. Und als Rückbesinnung auf alte Zeiten ziert der 1967 ausgemusterte kursive »Vespa«-Schriftzug wieder das Beinschild und die linke Seitenbacke.

Der luftgekühlte 125cm³-Motor der Sfera mit 12,2 PS wird fast unverändert in die neue ET4-125 transplantiert (ZAPM04000). Damit erhält erstmals überhaupt eine Vespa einen Viertaktmotor. Eine bequeme Sitzposition und gut ablesbare Rundinstrumente und Lichtsymbole unter einer großen ovalen Acrylglasscheibe in der Lenkerverkleidung sorgen für Fahrspaß mit kaum vorstellbarem Komfort. Dazu kommt die ausgezeichnete Straßenlage aufgrund eines niedrigen Schwerpunkts mit ausgewogener Gewichtsverteilung von Motor und Antriebsstrang und eine sichere Führung durch die modifizierte vordere Kurzschwinge und die verwindungssteife Karosserie. Verzögert wird mit einer gut dosierbaren hydraulischen Scheibenbremse vorne und einer ausreichend dimensionierten Trommelbremse hinten. Zeitgemäß sind auch die gegossenen Alufelgen mit 10" Schlauchlosreifen.

Leichtmetallräder mit Schlauchlosreifen und eine hydraulisch betätigte Scheibenbremse am Vorderrad entsprechen zeitgemäßem Standard.

Als erste Vespa mit der Abkehr vom handgeschalteten Zweitaktmotor hin zum abgasgereinigten Viertaktmotor mit stufenloser Kraftübertragung stand die ET Pate für die Generation der großen Vespa Granturismo. Zwei Jahre nach deren Einführung, 2005, wird die ET von der LX abgelöst, die zwar in den Abmessungen gleich bleibt, optisch aber der neuen Granturismo (S. 61) zum Verwechseln ähnlich ist.

Die stufenlose Automatik mit Variatortechnik und Keilriemenantrieb

1983 konnten die Käufer einer Vespa bei dem Modell PK 125 S erstmals zwischen der herkömmlichen Schaltversion oder einer stufenlosen Getriebeautomatik (CVT – Continuously Automatic Transmission) wählen. Durch eine drehzahlabhängige hydraulische Steuerung wurde das Übersetzungsverhältnis der Geschwindigkeit angepasst. Obwohl die Technik zuverlässig funktionierte, erwies sich der Antrieb in der Praxis als zu kompliziert und vor allem zu kraftzehrend. Deswegen wurde diese Version 1987 durch eine wesentlich einfacher aufgebaute rein mechanische Konstruktion ersetzt. Nach deren Prinzip arbeitet auch der zuverlässige moderne Antrieb, der seit der Vespa ET in allen neuen Baureihen einschließlich der großen Granturismo millionenfach zum Einsatz gekommen ist.

Am einfachsten kann man sich die Funktionsweise der Automatik wie bei einer Kettenschaltung am Fahrrad vorstellen: diese verfügt über bis zu drei größere Kettenblätter (auch Kettenräder genannt) an der Tretkurbel und neuerdings bis zu zwölf kleineren Kettenritzeln am Hinterrad. Beim Anfahren wählt man zur Überwindung der Trägheitskräfte eine kleine Übersetzung. Dabei gleitet die Kette vorne über das kleine oder mittlere Kettenblatt und hinten über ein größeres Ritzel. Hat das Rad Fahrt aufgenommen, wählt man eine zunehmend größere Übersetzung, um die Geschwindigkeit zu steigern, indem man vorne auf das große Kettenblatt und hinten auf ein kleineres Ritzel schaltet. Dadurch erhöht sich die Wegstrecke, die mit einer Kurbelumdrehung zurückgelegt wird.

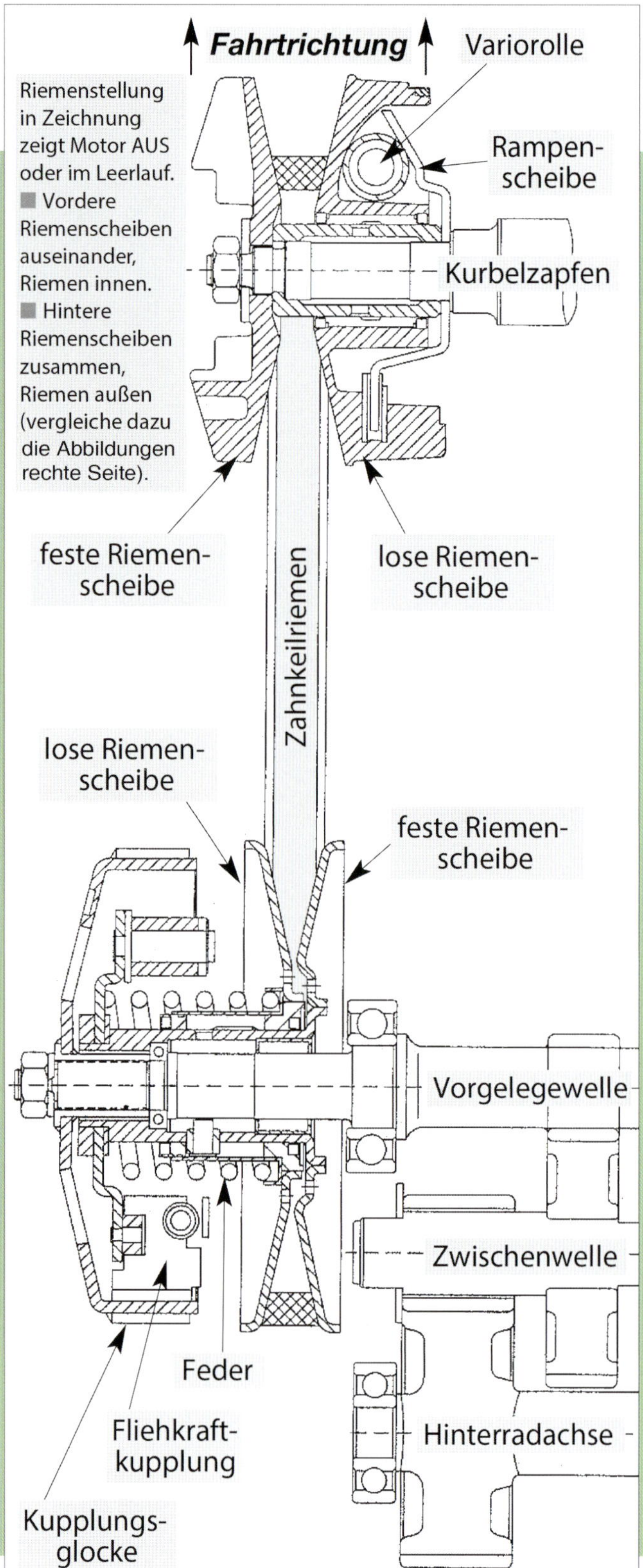

Gesamter Antriebsstrang von der Kurbelwelle bis zur Antriebswelle von oben.

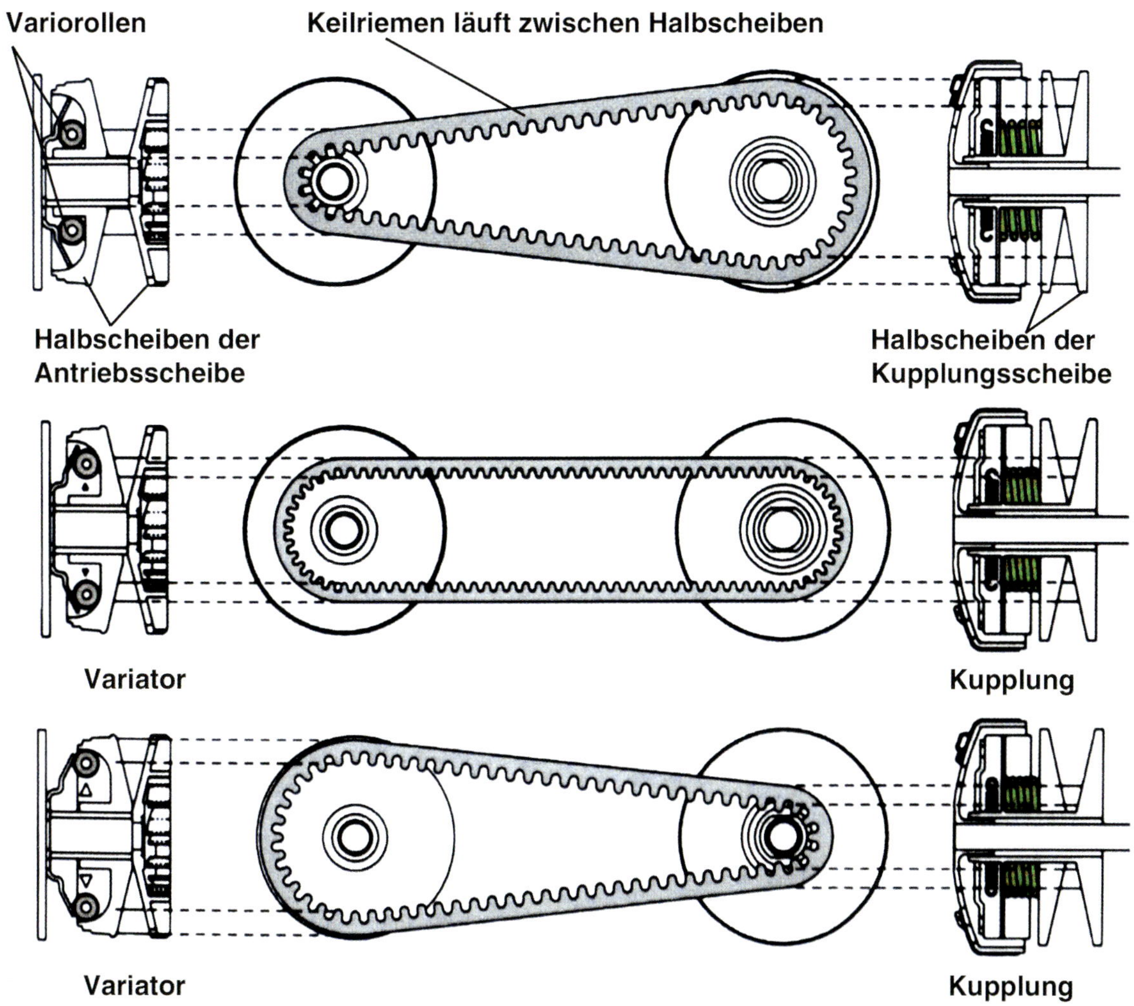

Oben: Der Antrieb erfolgt von der Varioseite vorne am Motor zur Kupplungsseite des Getriebes am Hinterrad. Im Leerlauf und bei niedriger Drehzahl läuft der Keilriemen vorne ganz innen auf der Antriebsscheibe und hinten ganz außen auf der angetriebenen Scheibe.

Mitte: Mit zunehmender Drehzahl wandern vorne die Variorollen nach außen und führen die kegelförmigen Halbscheiben zusammen, dadurch wandert der Riemen weiter nach außen. An der angetriebenen Scheibe hinten passiert genau das Gegenteil und die Halbscheiben gehen auseinander. Dadurch wandert dort der Riemen weiter nach innen.

Unten: Nimmt die Drehzahl noch weiter zu, rücken die Halbscheiben vorne ganz zusammen und hinten ganz auseinander. Der Riemen läuft vorne am oberen Rand und hinten ganz innen, die größte Übersetzung ist erreicht.

Geöffneter Antriebsstrang einer GTS 300i.e.. Man erkennt die komplette Keilriemenautomatik, links die Varioseite, rechts die Kupplungsseite. Da der Motor still steht, liegt der Keilriemen auf einem kleinen Radius innen in der Varioscheibe und auf einem großen Radius außen in der Kupplungsscheibe. Läuft der Motor an, dann kehrt sich das Bild um und der Riemen wandert stufenlos auf der Varioseite nach außen und auf der Kupplungsseite nach innen.

Die stufenlose Getriebeautomatik arbeitet anstelle der Kette mit einem Keilriemen, der statt über Zahnräder hinweg in Riemenscheiben läuft, die aus je einer kegelförmigen äußeren und inneren Halbscheibe bestehen, ähnlich einem Diabolo. Die Antriebsscheibe sitzt auf der Kurbelwelle und die angetriebene Scheibe vor dem Getriebe an der Kupplung. Der Abstand zwischen den Halbscheiben bestimmt das Übersetzungsverhältnis: je weiter die Halbscheiben auseinander liegen, umso weiter innen kann der Keilriemen auf einem kurzen Weg laufen, so wie die Kette über ein kleines Ritzel, und je enger die Halbscheiben beieinander liegen, umso höher muss der Riemen zum Rand hin wandern und wie die Kette über ein großes Ritzel einen langen Weg zurücklegen. Da der Riemen auf den Scheiben stufenlos auf und ab wandert, entfallen die Schaltschritte.

Gesteuert wird das Ganze durch Fliehkräfte. Die innere Halbscheibe auf der Antriebsseite ist Teil des Fliehkraftreglers (Variators) und kann auf der Kurbelwelle gleiten. Auf ihrer Rückseite, der Innenseite des Variators, befinden sich radiale Laufflächen für Rollengewichte. Mit zunehmender Drehzahl nähern sich die Rollen dem Außenrand. Dabei entwickeln sich immer größere Fliehkräfte, die die Innenhalbscheibe zur äußeren Halbscheibe gleiten lassen, wodurch der Abstand zwischen beiden geringer und der Riemen gezwungen wird, am Außenrand zu laufen. Da die Länge des Riemens gleich bleibt, vergrößert sich auf der Kupplungsseite der Abstand der Halbscheiben, damit der Riemen dort weiter innen laufen kann.

Als Nachfolger der kompakten Vespa ET hat die LX die gleichen Abmessungen. Das Design betont klassische Stilelemente und ist stark an die zwei Jahre zuvor eingeführte Granturismo angelehnt.

VI. Zukunftsfest – Vespa Granturismo

Ganz neu und doch ganz Vespa

Die mutige Entscheidung Giovanni Alberto Agnellis, die Vespa von Grund auf neu zu denken, zu renovieren und fit für das 21. Jahrhundert zu machen, erwies sich als goldrichtig und wurde belohnt: die ET war ein Glücksfall für das Unternehmen. In Italien selbst eroberte sie nicht nur Marktanteile zurück, sondern setzte sich schon im zweiten Jahr an die Spitze der Zulassungen in der 125cm^3-Klasse. Aber auch auf zahlreichen ausländischen Märkten gewann sie zunehmend Käufer, darunter dem ehemals lukrativen und inzwischen völlig brachliegenden nordamerikanischen Markt. Der Erfolg dessen Wiederbelebung beruhte nicht nur auf dem klangvollen Namen Vespa, sondern auch einem geschickten Marketing, das von Anfang an auf eine zahlungskräftige Klientel setzte, die bereit war, für ein technisch ausgereiftes Lifestyleprodukt tiefer in die Tasche zu greifen. Entsprechend gab sich das Ambiente: unter striktem Verzicht auf Rabatte wurden in den neuerrichteten und edel ausgestatteten Verkaufsboutiken nicht nur die Fahrzeuge, sondern gleich ein reichhaltiges Sortiment an Zubehör und Accessoires mit Vespa-Dekor angeboten. Man sollte sich in den Showrooms zuhause fühlen, angekommen in der Vespa-Familie.

Die neue GT ist dank ihrer schieren Größe eine imposante Erscheinung, ganz Vespa und doch ganz anders. Seit dem ersten Prototyp 1946 ist die Vorderradführung an einer einseitigen Kurzschwinge typisch für eine Vespa, die Scheibenbremse gibt es erst seit 1996 bei der ET. Nachgerüstet ist bei dem eleganten Fahrzeug die kleine Schutzscheibe. Die Gepäckträgerplatte ist serienmäßig.

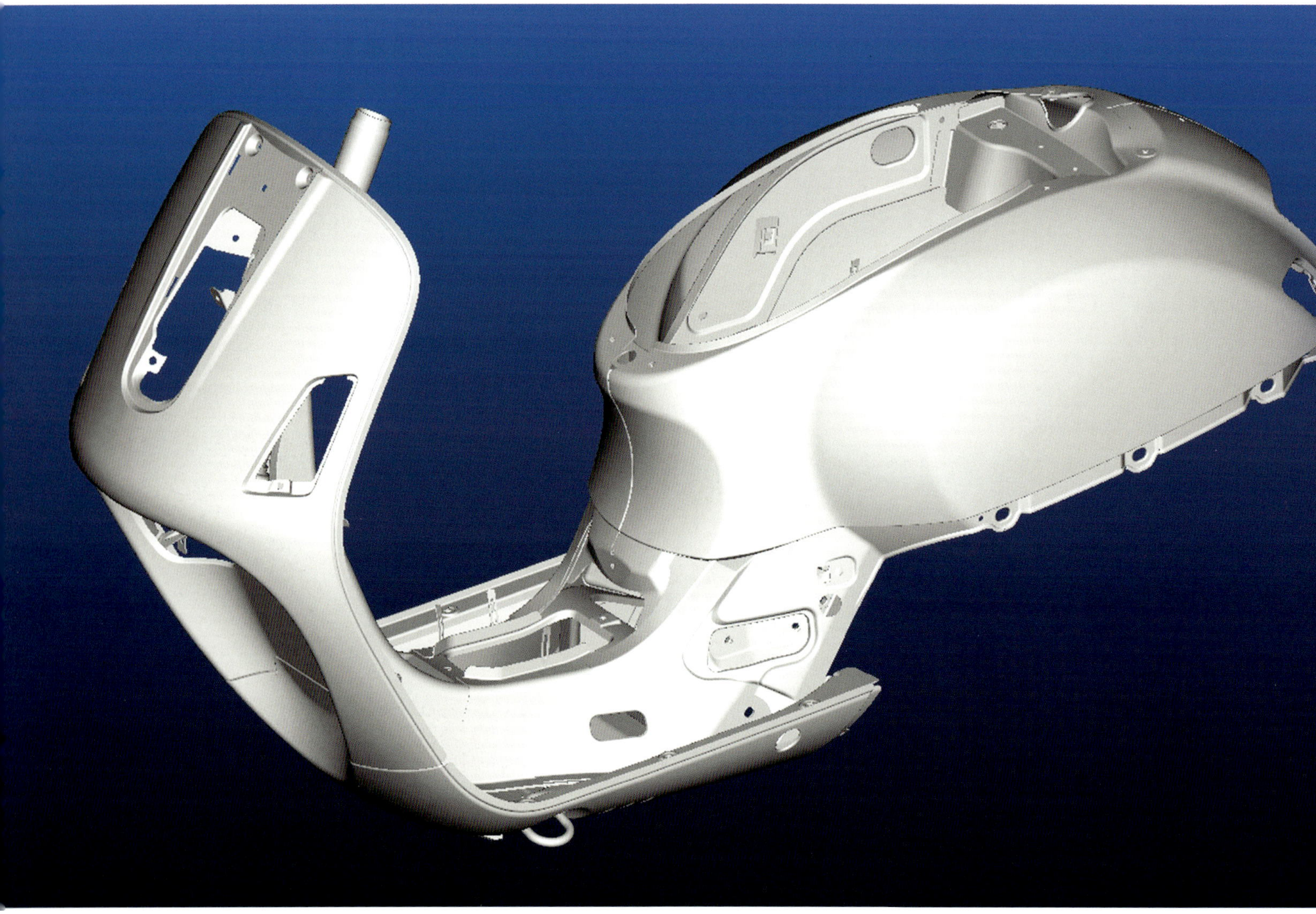

© Ufficio Stampa Gruppo Piaggio

Bei den gewaltigen Dimensionen Amerikas und den bisweilen riesigen Entfernungen, die zwischen zwei Orten zurückzulegen sind, kam die ET an ihre Grenzen. Es war nicht nur die anspruchsvolle Kundschaft, die sich neben der eher für den Stadt- und Nahbereich geeigneten ET eine größere, stärkere und vor allem langstreckentaugliche Version der Vespa wünschte, vielmehr schwebte bereits Agnelli schon früh eine weitere Produktlinie mit einem derartigen Fahrzeug vor. Doch durch seinen völlig unerwartet frühen Tod im Jahr 1997 geriet nicht nur dieses Projekt ins Stocken, sondern das ganze Unternehmen durch das Führungsvakuum so sehr ins Trudeln, dass schon an eine Zerschlagung gedacht wurde. Die Rettung erfolgte 1999 sprichwörtlich in letzter Sekunde mit dem Erwerb des Löwenanteils der Aktien durch einen Investmentfonds, an dem mehrheitlich die Deutsche Bank beteiligt war. 2003 schließlich – dies sei vorweg genommen – übernahm dann der Immobilienkonzern IMMSI von Roberto Colaninno aus Mantua den Hauptanteil der Stimmrechte. Somit gab es zwar wieder eine italienische Mehrheit, gleichzeitig aber standen beinharte und schmerzhafte Sanierungsschritte ins Haus.

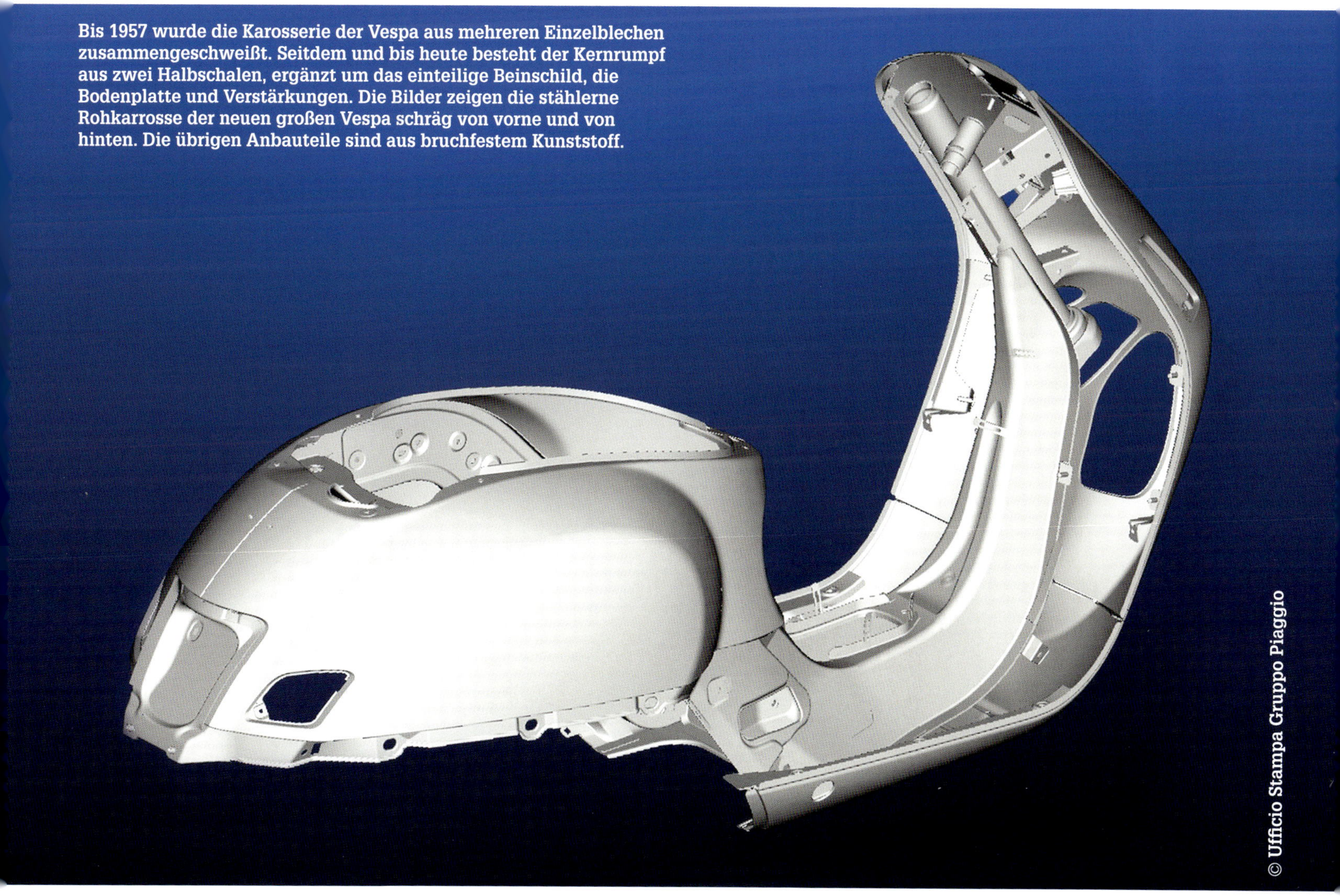

Bis 1957 wurde die Karosserie der Vespa aus mehreren Einzelblechen zusammengeschweißt. Seitdem und bis heute besteht der Kernrumpf aus zwei Halbschalen, ergänzt um das einteilige Beinschild, die Bodenplatte und Verstärkungen. Die Bilder zeigen die stählerne Rohkarrosse der neuen großen Vespa schräg von vorne und von hinten. Die übrigen Anbauteile sind aus bruchfestem Kunststoff.

Das GT-Konzept

Es war eine glückliche Fügung, dass Ing. Lucio Masut, technischer Direktor und für die Zweiradentwicklung verantwortlich, Piaggio in diesen Turbulenzen erhalten geblieben ist. Agnellis Vision und der große Erfolg der ET waren ihm Verpflichtung und Ansporn, das Projekt »moderne große Vespa« voranzutreiben. Auf diese Weise entstand unter dem Entwicklungscode X8 hinter den Türen des Piaggio-Styling-Centers in Pontedera die größte und modernste Vespa aller Zeiten: die Vespa Granturismo. Eingekleidet wurde sie von Stardesigner Luciano Marabese, in dessen »Traumfabrik« in Cerro Maggiore bei Mailand Motorradproduzenten aus aller Welt schneidern lassen und sich die Klinke in die Hand geben. Die Vespa Granturismo, kurz GT, gehört zu seinen größten Erfolgen, und in einem Interview mit Eva Breutel vom Magazin MOTORRAD gibt er 2007 zu Protokoll:

Für die Vespa haben wir ewig gebraucht und ganz schön geschwitzt, denn einen Mythos neu zu gestalten, ist alles andere als einfach. Neben diversen Tonmodellen haben wir für sie sogar einen Prototyp aus Blech gebaut. Aber

Vespa

Blinkleuchten, Rücklicht und Fußrasten sind bündig in die Karosserie eingelassen. Bei Bedarf werden die Rasten für den Sozius einfach ausgeklappt.

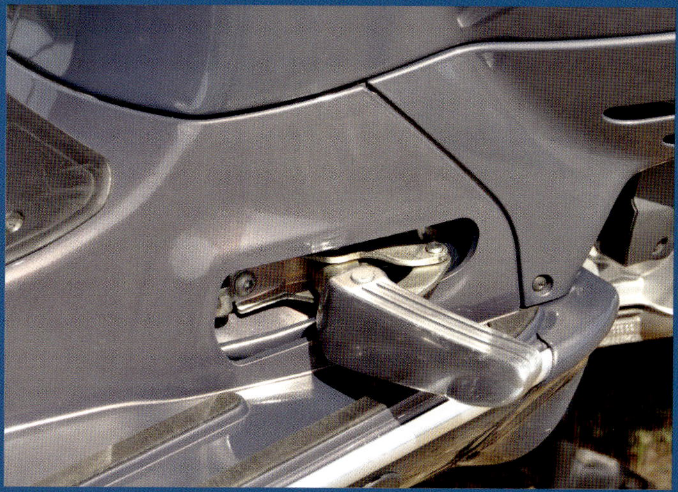

Ein Roller wie kein anderer: auch von vorne unverkennbar Vespa – von der einst prominenten Lenkrohrabdeckung der klassischen Vespa, damals Kaskade genannt, ist nur ein flaches Schild geblieben.

Die GT hat serienmäßig eine Gepäckträgergrundplatte. Die hochgeklappte Sitzbank gibt das – leider etwas flach geratene – Helmfach frei.

es hat sich eindeutig gelohnt. Das Geheimnis der Vespa sieht er darin, dass sie schon bei ihrer Geburt vor über 60 Jahren als flottes und modernes Fortbewegungsmittel galt und sich das bis heute auf ihre Nachfolgerinnen überträgt.

2003 war es endlich so weit: mit einer Länge von 1,94m (die ET war mit 1,78m 16cm kürzer), einem breiten Beinschild, voluminösen Seitenbacken, einer riesigen Sitzbank und einem 12"-Fahrwerk kommt die neue »Granturismo« mächtiger als alles bisher Dagewesene daher. Dennoch ist sie äußerst gefällig proportioniert und unverkennbar eine echte Vespa – zudem mit Anleihen bei der klassischen Linie mit einem zentralen Rundscheinwerfer im Lenkkopf und verchromten runden Spiegeln. Blinkergläser und das Rücklicht sind bündig in die Karosserie eingelassen, genau wie die Fußrasten für den Sozius, die bei Bedarf ausgeklappt werden können.

Die äußerst verwindungssteife Karosserie wurde im Windkanal geglättet und besteht aus Pressblechen, die durch 400 Schweißpunkte zusammengefügt werden. Analog der ET wird sie mit Formteilen aus robustem Kunststoff ergänzt, so der vordere Kotflügel, das Kaskadenschild mit einem Rundgitter für die Hupe, die zweitei-

Die ergonomische Gestaltung des Cockpits lässt keine Wünsche offen: blendfrei im Sichtfeld liegende Instrumente, griffgünstig positionierte Handschalter und groß dimensionierte Rückspiegel ermöglichen dem Piloten, sich ganz auf das Verkehrsgeschehen zu konzentrieren.

Im Lenkkopf befindet sich das große Kombiinstrument mit gut ablesbaren Analoganzeigen für Geschwindigkeit, Kühlwassertemperatur und Tankfüllstand, außerdem mehreren Leuchtsymbolen. Ganz unten ist noch ein kleines Display für die digitale Uhr, die von einer eigenen Batterie versorgt wird.

lige Lenkerverkleidung, in die der Scheinwerfer und das Kombiinstrument mit Tacho und Anzeigen eingelassen sind, das Gepäckfach an der Rückseite des Beinschilds, das auffallende seitliche Luftgitter für die Wasserkühlung enthält, die Bodenplatte mit Mitteltunnel und seitlichen Trittbrettern und die beiden abnehmbaren Schürzen als unterer Abschluss der Seitenbacken. Ganz auf eine Großserienproduktion ausgerichtet, wurde konstruktiv so vorgegangen, dass eine weitgehend automatisierte Herstellung erfolgen konnte, und zwar nicht nur durch Schweißroboter, wie etwa von Bisiach & Carru, die in Pontedera schon lange im Einsatz waren, sondern auch bei Lackier- und Montageprozessen. Dadurch konnte reine Handarbeit auf ein Minimum beschränkt werden.

Ein Motorkonzept – zwei Hubraumklassen

Innovativ - und bis vor gar nicht allzu langer Zeit für Vespaverhältnisse unvorstellbar - geben sich auch die neuen Motoren: wassergekühlte* Viertakter mit Vierventiltechnik – stark, laufruhig, sparsam und schadstoffarm. Abgeleitet wurden sie von den kurzhubigen LEADER**-Triebwerken aus der ET, die dort luftgekühlt und mit nur zwei Ventilen ausgestattet ihren Dienst verrichten. Hier allerdings besorgen je zwei Einlass- und zwei Auslassventile den Gaswechsel. Betätigt werden sie über Zwillingskipphebel, welche von einer obenliegenden Nockenwelle (ohc = overhead camshaft) gesteuert werden. Sie wird über eine Kette von der Kurbelwelle angetrieben. Beide, Kurbel- und Nockenwelle, laufen in Gleitlagern.

Zwei Motorgrößen stehen in der neuen Granturismo zur Wahl: mit einem Hubvolumen von 125cm^3 in der GT 125L (ZAPM31100) und mit 200cm^3 in der GT 200L (ZAPM31200). Bei beiden handelt es sich um Saugmotoren. Sie erhalten ihr Treibstoffgemisch von einem Vergaser, der entweder von dem US-Giganten Walbro oder dem japanischen Zulieferer Keihin bezogen wird, und verfügen über einen ungeregelten Abgaskatalysator mit Sekundärluftsystem. Damit erfüllen sie die damals geforderte Schadstoffnorm nach Euro 2.

Die 125er Maschine hat mit einem Verhältnis von 57,0mm x 48,6mm Bohrung x Hub die gleichen Zylindermaße wie der Zweiventiler in der ET (12PS), kommt aber in der GT auf die respektable Leistung von 15PS bei 9700/min und ein für diese Klasse beachtliches Drehmoment von max. 12,5Nm bei 8200/min. Das reicht für kräftigen Durchzug und eine Höchstgeschwindigkeit von 104km/h.

Noch kraftvoller geht es mit der 200er Maschine zur Sache: aufgebohrt auf 72mm ist sie bei gleichem Hub extrem drehfreudig ausgelegt und entwickelt satte 21PS bei 8500/min und ein max. Drehmoment von 15Nm bei 7000/min. Mit einer Höchstgeschwindigkeit von 120km/h ist die neue GT 200L die schnellste jemals in Serie gebaute Vespa.

Beide Motoren verrichten ohne Änderungen bis 2005 ihren Dienst in der neuen großen Vespa. Dann wird die GT mit dem 200er-Motor von der neuen Vespa GTS (Kap. VII) abgelöst und aus dem Programm genommen. Das Triebwerk der GT 125L wird der Euro 3-Norm angepasst. Sie wird äußerlich unverändert noch bis 2006 weitergebaut.

Das Kühlsystem

Im Kühlkreislauf zirkulieren 2,1l Flüssigkeit, von denen 0,2l auf das Ausgleichsgefäß entfallen. In Gang gehalten wird der Kreislauf von einer Pumpe, die rechts am Motor sitzt und von der Kurbelwelle mitgenommen wird. Ist die

*) Genau genommen handelt es sich um „flüssigkeitsgekühlte“ Motoren, tatsächlich ist das Grundmedium Wasser mit Frostschutz und anderen Zusätzen. Da man gemeinhin von „Kühlwasser“ spricht, sei die Bezeichnung „wassergekühlt“ im Unterschied zu „luftgekühlt“ erlaubt.
**) Low Emission Advanced Engine Range

Die neue GT gibt es mit 125cm³ und 200cm³ Hubraum. Luxus sind beide - ohne »L« sind sie erst gar nicht zu haben.

optimale Betriebstemperatur erreicht, gibt ein Thermostat am Zylinderkopf den Weg zu den beiden Wärmetauschern hinter dem Beinschild frei. Das erhitzte Kühlwasser fließt auf der linken Seite unter dem Trittbrett nach vorne, wird dort heruntergekühlt und gelangt auf der rechten Seite zurück, bevor es zur Pumpe gelangt und den Zylinder erneut umspült. Die erforderliche Kühlluft wird auf beiden Seiten im Radlauf angesaugt und strömt hinter dem Beinschild wieder aus. Fehlt bei laufendem Motor der Fahrtwind, dann springt nach kurzer Zeit vor dem linken Kühler ein elektrischer Ventilator an und schützt vor Überhitzung.

Das Fahrwerk

Ganz oben im Lastenheft stand die Optimierung des Fahrwerks unter Komfort- und Sicherheitsaspekten, bedeuteten doch die kleinen Räder der Vespa von Anfang an ein gewisses Manko: ungefiltert wurde der Besatzung die kleinste Unebenheit mitgeteilt, und die Spurtreue ließ bisweilen gehörig zu wünschen übrig. Da war der Zuwachs von 8" bei der Urvespa auf 10" bei der sportlichen GS im Jahr 1955 ein echter Fortschritt – bei dem es dann auch über Jahrzehnte geblieben ist, selbst als die ET schon auf schlauchlosen Reifen ins dritte Jahrtausend gerollt ist. Dass sich bei der Granturismo etwas ändern

Gesamtansicht eines ausgebauten Motors mit liegendem Zylinder und geöffnetem Antriebsstrang*. Ganz links sitzt der silberglänzende Zylinderkopf mit seinem schräg aufgesetzten Deckel, rechts davon der schwarze Zylinderblock. Das Flügelrad ist Teil des Variators auf der Kurbelwelle, darunter befindet sich die gerippte Ölwanne. Der gezahnte Keilriemen treibt über die hintere Riemenscheibe die Vorgelegewelle auf der Kupplungsseite an, gut zu erkennen die Kupplungsglocke mit den sechs runden Löchern. Von dort geht es über eine Zwischenwelle an die Antriebswelle des Hinterrads.

Blick in den Zylinderkopf bei abgenommenem Deckel. Ins Auge fällt das Zahnrad auf der Nockenwelle, die über die Steuerkette von der Kurbelwelle angetrieben wird. Ganz oben liegen die beiden Einlassventile, gut zu erkennen an den Federn um die Ventilschäfte. Sie werden von einem Zwillingskipphebel betätigt, spiegelbildlich darunter die Auslassventile.

*) Es handelt sich hier um den Quasar-Motor einer Vespa GTS. Die Unterschiede zu den LEADER-Motoren in der GT sind zum allgemeinen Verständnis hier nicht relevant.

Blick von hinten in den Motorraum: beide, der kleinere und der größere Motor, sind wassergekühlt und erhalten ihren Treibstoff über einen Vergaser, gut zu erkennen an dem mit vier Schrauben befestigten kreisrunden Deckel in der Mitte. Wenn man ganz genau hinschaut, erkennt man den von hinten in einem Bogen angelenkten Gaszug auf der rechten Seite.

musste, lag auf der Hand: mit einem Durchmesser von immerhin 12" sind die Räder so dimensioniert, dass sie nicht nur den hohen Fahrleistungen gewachsen sind, sondern auch ausreichend dimensionierten Bremsscheiben Platz bieten.

Wie bei der Urvespa 1946 wird das Vorderrad an einer einseitigen Kurzschwinge geführt, hier auf der linken Seite. Als Federelement dient ein Federbein, bestehend aus einem inneren hydraulischen Dämpfer und einer umgebenden Spiralfeder. Der verfügbare Federweg beträgt 86,5mm. Wie die Karosserie sind auch alle Anbauteile auf höchste Verwindungssteifheit ausgelegt. Dennoch kommt eine derartige Konstruktion in Verbindung mit einem immer noch recht kleinen Vorderrad an ihre Grenzen. Um Vibrationen entgegenzuwirken, wurden deshalb die Lenkerenden mit Stabilisierungsgewichten bestückt.

Ebenfalls, wie bei allen Vespas seit 1946, kommt hinten eine Antriebsschwinge zum Einsatz, nur eben ganz anders als früher: da nämlich saß der Motor samt Getriebe rechts und entsprechend seitenlastig war die Vespa. Die Granturismo indes folgt dem modernen Baukonzept der ET: der ganze Block aus liegendem Motor, Antriebsstrang und Hinterrad sitzt zentral in der Mitte, die Gewichtsverteilung ist absolut neutral. Führung und Federung erfolgen spurtreu durch eine teilbare Schwinggabel mit je einem kräftig ausgelegten Federbein rechts und links. Die Vorspannung ist einstellbar und der verfügbare Federweg liegt hier bei 89,5mm. Die Konstruktion führt zu einem völlig neutralen und stabilen Fahrverhalten, wie man es bisher von einer Vespa nicht kannte und wie man es sich auch nicht vorstellen konnte. Dank der beispielhaften Ergonomie ist die Granturismo trotz ihrer Größe gutmütig und geradezu spielerisch zu fahren.

Der Auspuff mit Abgaskatalysator verfügt über ein mattsilbernes Hitzeschutzschild.

Das Bremssystem

Im Unterschied zur ET besitzt die GT nicht nur vorne, sondern auch hinten eine hydraulisch betätigte Scheibenbremse, jeweils mit einem üppigen Durchmesser von 220mm. Da es keine Kupplung mehr gibt, wird auch kein Kupplungshebel benötigt: beide Bremsen werden von Hand betätigt. Die Systeme sind getrennt und arbeiten voneinander unabhängig, die Handhebel wirken direkt auf den jeweiligen Hauptbremszylinder, von dem die Bremsleitung abgeht, rechts nach vorne, links nach hinten. Über dem Zylinder sitzt der Ausgleichsbehälter der Bremsflüssigkeit, zu erkennen an dem kleinen Deckel auf beiden Seiten der Lenkerverkleidung, direkt neben den Spiegelarmen.

Am Vorderrad kommt eine Doppelkolben-Schwimmsattelbremse zum Einsatz. Die Kolben sind auf der äußeren Seite der Bremszange übereinander angeordnet und drücken einen der Beläge von dieser Seite gegen die Bremsscheibe, während der Belag auf der anderen Seite mit der „schwimmend“ gleitenden Bremszange gegen die Scheibe drückt. Hinten dagegen handelt es sich um eine Festsattelbremse, bei der die Bremszange die Scheibe von beiden Seiten umschließt und sich nicht mitbewegt. Hier drückt je ein Kolben rechts und links die Beläge gegen die Scheibe.

Bei der Farbgebung der Granturismo wahrte man zurückhaltende Noblesse. Schwarz, Königsblau, Anthrazit und - in Anlehnung an die Urvespa - Vintage-grün (das allerdings recht hell ausfällt) umfasst die Palette, die GT 125L konnte zusätzlich in Platinsilber geordert werden. Später kam Elfenbein dazu. Allzu grelle Farben überließ man der Konkurrenz. 3.700 € gingen bei der 125er über die Theke, für nur 230 € mehr gab´s die 200er.

Rechts und links im Radlauf strömt die Kühlluft ein .....

.... und seitlich am Beinschild wieder aus.

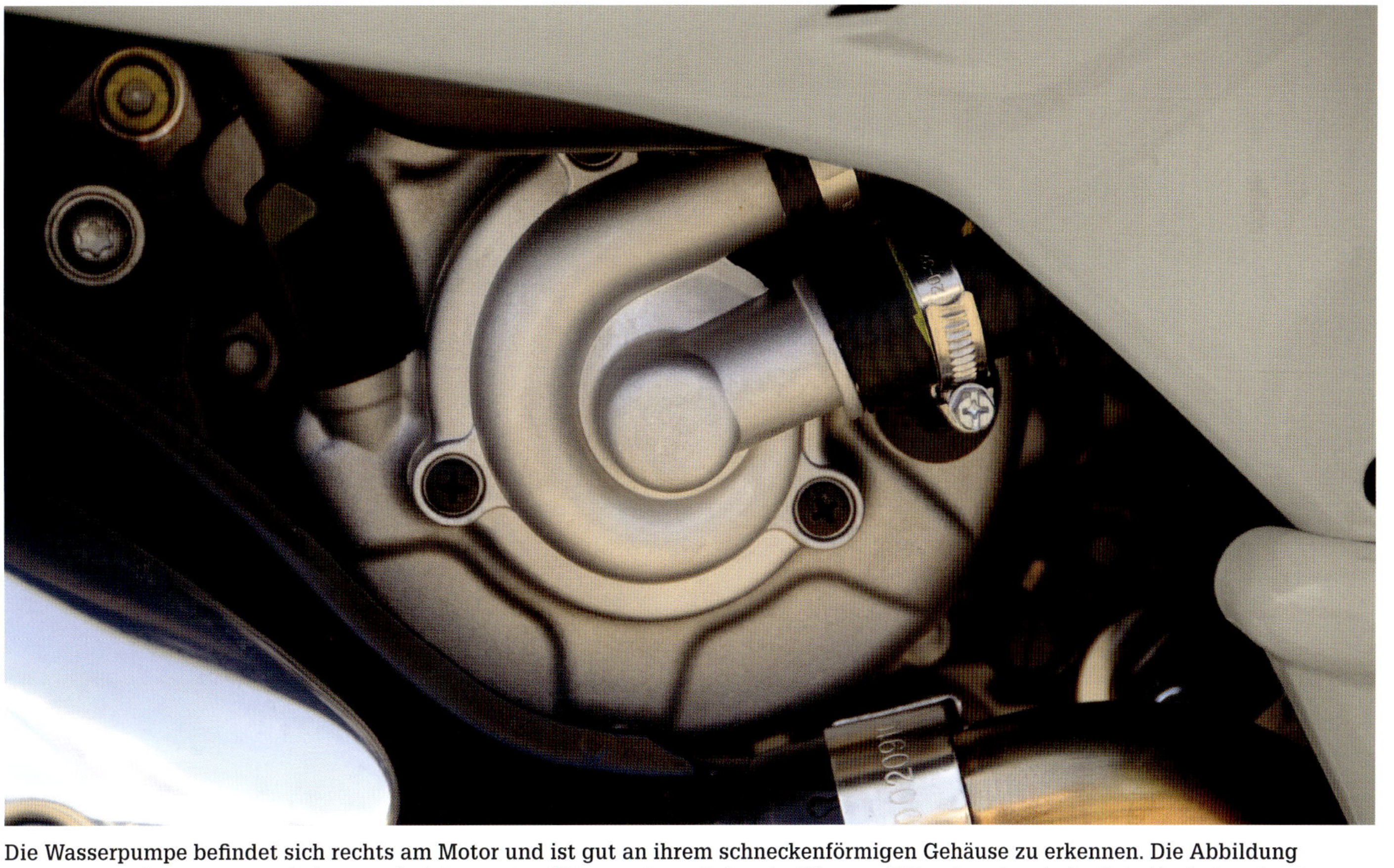

Die Wasserpumpe befindet sich rechts am Motor und ist gut an ihrem schneckenförmigen Gehäuse zu erkennen. Die Abbildung stammt von einem neueren Fahrzeug, bei den ersten GTs war der mit den drei Kreuzschlitzschrauben befestigte Deckel noch schwarz.

Explosionsschema des Kühlsystems wie es sich beim Blick von vorne hinter dem Beinschild darstellt: unter dem linken Trittbrett strömt das erhitzte Wasser vom Motor zum oberen Schlauchverteiler und gelangt in die beiden Kühler. Nach der Kühlerpassage wird das Wasser im unteren Verteiler zusammengeführt und fließt in einem Schlauch unter dem rechten Trittbrett zum Motor zurück.

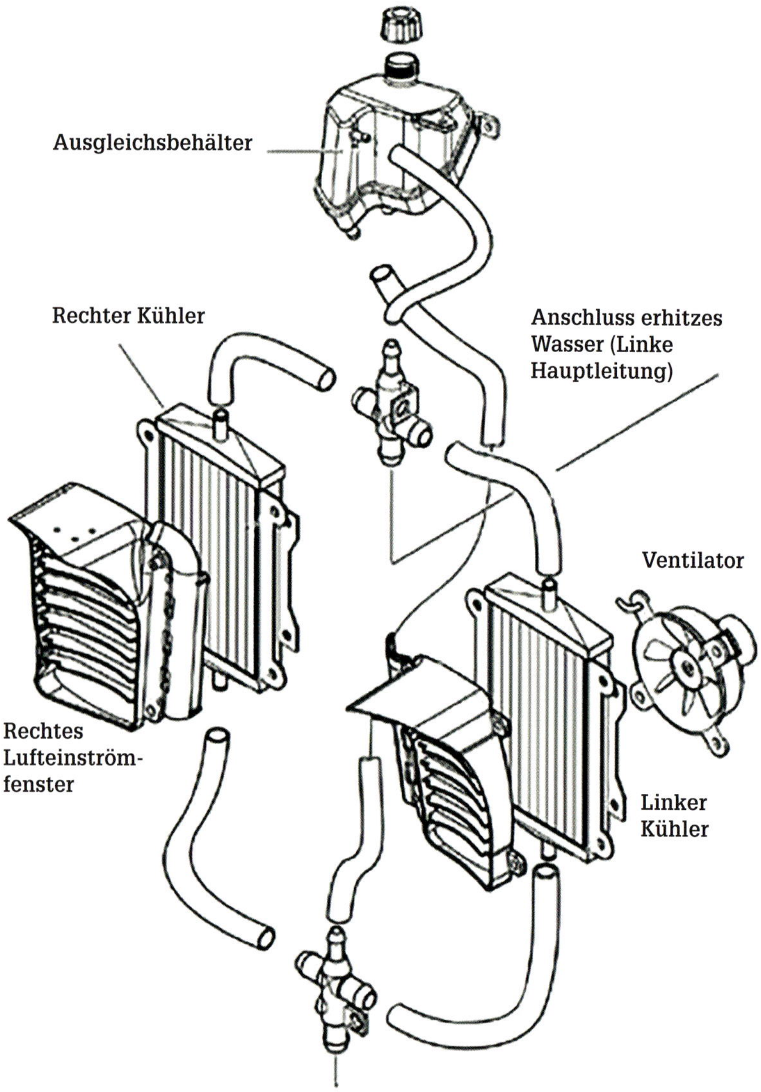

Das Rauschen im Blätterwald

Und was sagt die Presse? Nach vielen Jahren eine neue Vespa, und dann auch noch so eine - da bleibt ein gewaltiges Medienecho nicht aus.

Thilo Kozik vom MOTORETTA-Magazin war von der gefälligen Erscheinung und der makellosen Ergonomie der GT 125L angetan und unterzog den Roller einem Test auf Herz und Nieren.
Nachhaltig beeindruckt haben ihn der vibrationsarme Lauf und die leisen Arbeitstakte auf längeren Touren. Und weiter: *Die versprochenen 15 PS stehen nicht nur auf dem Papier, sondern lassen sich intensiv erfahren. Die GT reagiert spontan auf jeden Gasbefehl und setzt auch bei höheren Geschwindigkeiten noch spürbar nach.*

Walter Wille von der Redaktion Technik und Motor der ehrwürdigen FAZ nimmt sich die GT 200L ein Jahr nach ihrem Debut vor und verrät schon im Titel: Roller – Mehr Charme hat keiner:
So sollte ein neues Modell zwar moderne Designströmungen berücksichtigen und technischen Fortschritt mitbringen, vor allem aber als Vespa zu erkennen sein. Im Fall der Granturismo 200 L, seit Frühjahr 2003 auf dem Markt, ist das gelungen. Sie hat im vergangenen Jahr mit rund 1200 Zulassungen in Deutschland den Spitzenplatz bei den »Kraftrollern« eingenommen und lag auch in den ersten Monaten 2004 vorn. … Andere mögen ihre Qualitäten haben, aber keiner fährt mit dem jugendlichen Charme dieser Vespa, die einen unbeschwerten Sommer verspricht. … man kann ihm (Anmerkung: dem Roller) *über die große Lampe streicheln wie einem Freund, um den einen viele beneiden.*
Besser lässt sich nicht auf den Punkt bringen, was die neue Vespa ausmacht.

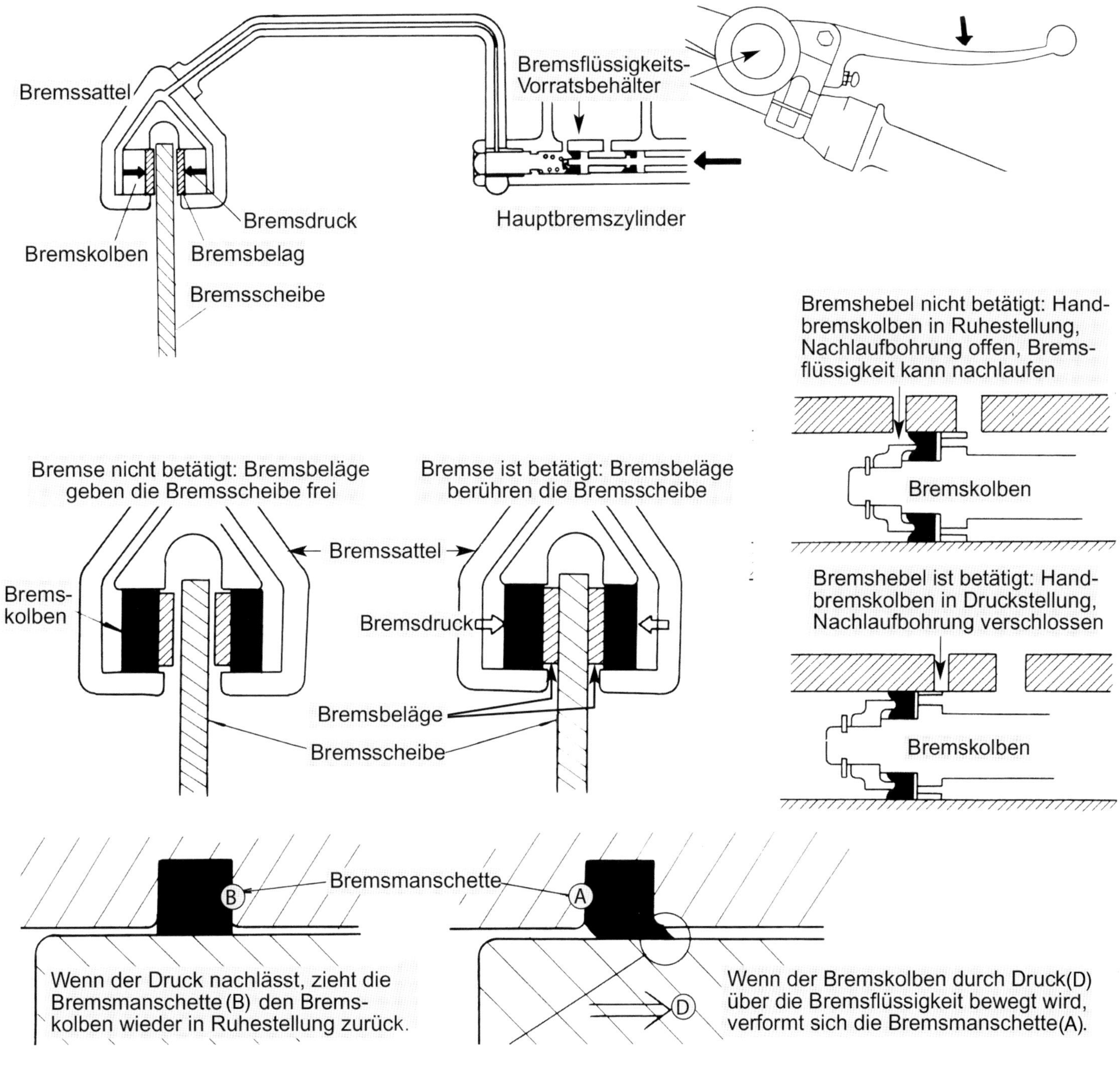

Schematische Darstellung der Wirkungsweise der hinteren Festsattelbremse.

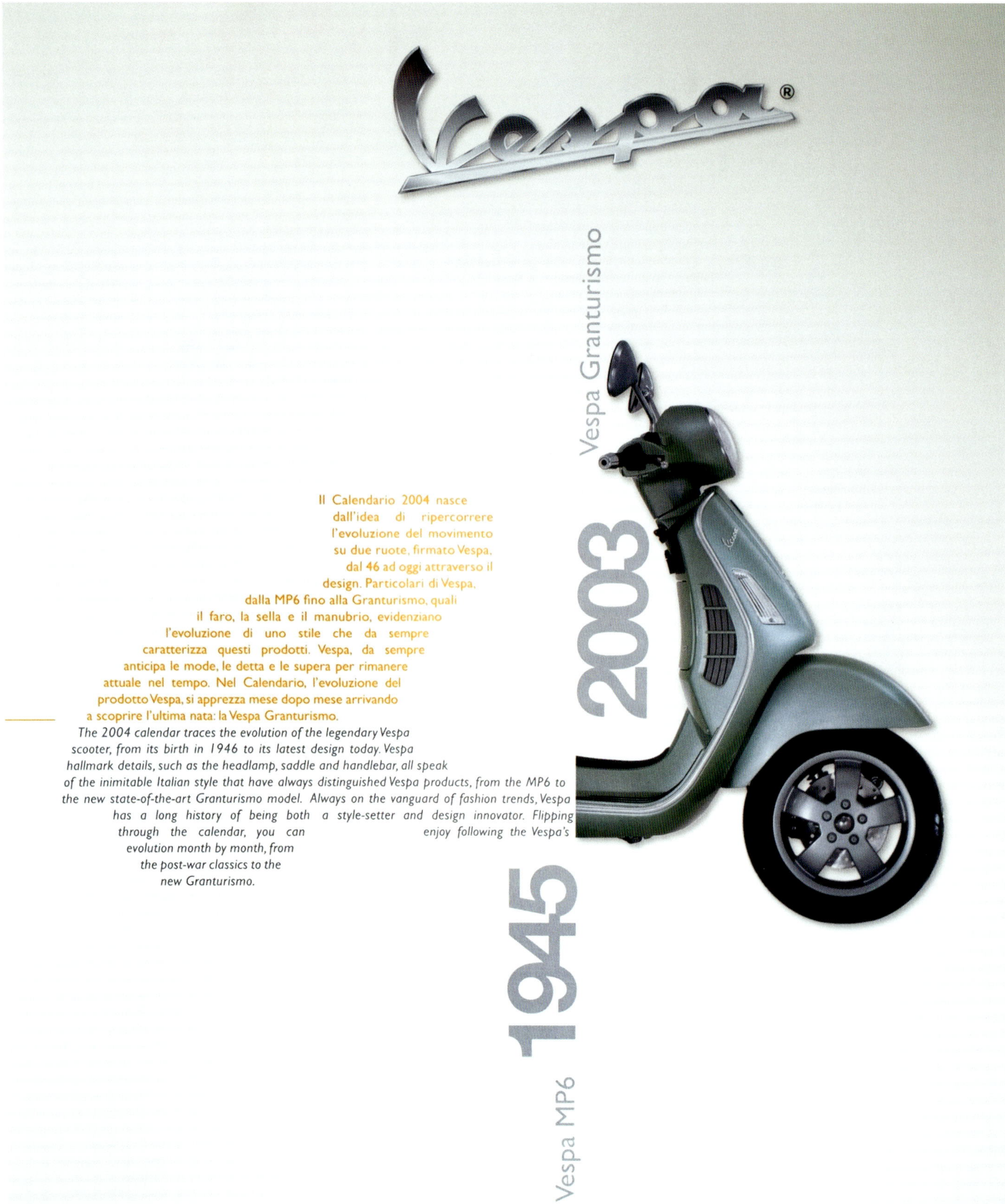
Vespa®
Il Calendario 2004 nasce dall'idea di ripercorrere l'evoluzione del movimento su due ruote, firmato Vespa, dal 46 ad oggi attraverso il design. Particolari di Vespa, dalla MP6 fino alla Granturismo, quali il faro, la sella e il manubrio, evidenziano l'evoluzione di uno stile che da sempre caratterizza questi prodotti. Vespa, da sempre anticipa le mode, le detta e le supera per rimanere attuale nel tempo. Nel Calendario, l'evoluzione del prodotto Vespa, si apprezza mese dopo mese arrivando a scoprire l'ultima nata: la Vespa Granturismo.
The 2004 calendar traces the evolution of the legendary Vespa scooter, from its birth in 1946 to its latest design today. Vespa hallmark details, such as the headlamp, saddle and handlebar, all speak of the inimitable Italian style that have always distinguished Vespa products, from the MP6 to the new state-of-the-art Granturismo model. Always on the vanguard of fashion trends, Vespa has a long history of being both a style-setter and design innovator. Flipping through the calendar, you can enjoy following the Vespa's evolution month by month, from the post-war classics to the new Granturismo.
Vespa Granturismo
2003
1945
Vespa MP6

Der Jahreskalender 2004 stand ganz im Zeichen der Granturismo als letzte Stufe der Modellentwicklung.

Zum beliebtesten Zubehör für die große GT gehören die werkseitig angebotene Gepäckbox in der Fahrzeugfarbe und die große Windschutzscheibe.

Der Zubehörkatalog lässt kaum Wünsche offen. Allein die Seite mit »Chrome Parts« lässt das Herz höher schlagen.

SONNENBRILLE
Klassik
39,00 €
• Metallrahmen mit Federscharnieren und Kunststoffbügeln
• Mit getönten Gläsern, diese sind farblich auf den Rahmen abgestimmt
• UVA-/UVB-Schutz
LILA
605257M00A

Für Überzeugungstäter - Kleidung, Helme, Brillen, alles mit Vespa-Schriftzug und alles von gediegener Qualität und nicht gerade billig.

GT- (silber) und GTS-Gespann (rot) von Theo Däschlein aus Bechhofen. Vor allem aber in Italien selbst gibt es eine ganze Reihe kleiner Handwerksbetriebe, die sich auf die Herstellung individueller Seitenwagen spezialisiert haben.

Das Drumherum

Alles stand bei Piaggio im Zeichen des neuen Hoffnungsträgers, und so war es nur folgerichtig, dass die Granturismo in allen denkbaren Posen auf den Jahreskalender kam. Besonders originell fiel das Deckblatt für das Jahr 2004 aus: 60 Jahre Zeitgeschichte in der Silhouette einer zusammengesetzten Vespa vereint: hinten Prototyp MP6 aus dem Jahr 1945, vorne Vespa Granturismo von 2003, das Ganze ohne einen Bruch in der Linie. Das gleiche Motiv dann noch einmal mit einer Erklärung zur Evolution von den Anfängen bis zur Gegenwart wie in Kapitel III dieses Buches dargestellt.

Die wenigsten Käufer gaben sich mit der Grundausstattung ihrer neuen Granturismo zufrieden. Dank eines riesigen Angebotes waren einer individuellen Aufrüstung keine Grenzen gesetzt. Allein Piaggio hielt schon 2003 ein reichhaltiges Sortiment an Zubehör und Accessoires bereit. Für den Roller standen verchromte Gepäckträger für vorne und hinten, verchromte Sturzbügel für Kotflügel und Seiten, Gummimatten mit „Vespa"-Schriftzug und, ganz besonders beliebt, Windschutzscheiben in groß und klein sowie farblich angepasste Gepäckboxen, sog. Top-Cases, zur Auswahl. Wer unter der Laterne parkt, dem diente als Freiluftgarage eine paßgenaue robuste Abdeckplane mit einem riesigen „Vespa"-Schriftzug auf beiden Seiten, und die Dame im Vespa-T-Shirt durfte sich eine Vespa-Tasche umhängen, passend zum Sitzbezug. Auch Helme, Sonnenbrillen, Schlüsselanhänger und vieles, vieles mehr war eigens auf die neue Granturismo abgestimmt. Neben diesem ganzen Werkszubehör gab es vor allem in Italien eine Vielzahl an Ausstattern, die sehr bald nach dem Erscheinen der großen Vespa jedes denkbare spezielle Zubehör gefertigt haben.

Und wer ein ganz besonderes Fahrerlebnis geniessen mochte, der hat aus seiner GT ein Gespann gemacht und ist in einen der speziell auf die Granturismo zugeschnittenen Seitenwagen gestiegen. Mehrere kleinere Handwerksbetriebe in Italien haben sich auf den Beiwagenbau spezialisiert und schnell auf die neue Vespa reagiert. In Deutschland hat Theo Däschlein in seiner Schmiede im fränkischen Bechhofen als einer der Ersten angepasste Beiwagengespanne angefertigt.

Vespa Granturismo - GT 125L, GT 200L - Technische Daten

Modell/Typ	GT 125L	GT 125L	GT 200L
Baujahr	2003-2005	2005-2006	2003-2005
Fahrgest.-Präfix	ZAPM31100	ZAPM31101	ZAPM31200
Motor	1-Zyl.-4T/4V LEADER*	1-Zyl.-4T/4V LEADER*	1-Zyl.-4T/4V LEADER*
Hubraum	124,0cm³	124,0cm³	197,8cm³
Bohrung x Hub	57,0 x 48,6mm	57,0 x 48,6mm	72,0 x 48,6mm
Leistung	11,0 kW/15,0 PS/9700/min	10,5 kW/14,3 PS/9500/min	15,4 kW/21,0 PS/8500/min
Max. Drehmoment	12,5 Nm/8.200/min	12,0 Nm/8.000/min	15,0 Nm/7.000/min
Kraftstoffversorg.	Vergaser	Vergaser	Vergaser
Kraftübertragung	Automatik CVT**	Automatik CVT**	Automatik CVT**
Abgassystem	Abgaskat./SAS***	Abgaskat./SAS***	Abgaskat./SAS***
Länge/Breite/Höhe	1940/755/1170mm	1940/755/1170mm	1940/755/1170mm
Leergewicht	140kg	145kg	140kg
Zul. Gesamtgew.	300kg	300kg	300kg
Bremsen vo./hi.	Scheiben je 220mm	Scheiben je 220mm	Scheiben je 220mm
Reifen vo./hi.	120/70-12, 130/70-12	120/70-12, 130/70-12	120/70-12, 130/70-12
Tankinhalt	9,5 Liter	9,5 Liter	9,5 Liter
Verbrauch/100km	3,5 Liter	3,2 Liter	3,6 Liter
Höchstgeschw.	104 km/h	101 km/h	120 km/h
Schadstoffnorm	EURO 2	EURO 3	EURO 2

*) LEADER: Low Emission ADvanced Engine Range
**) CVT: Continuously Variable Transmission = stufenloses Getriebe
***) SAS: Sekundärluftsystem, optimiert Katfunktion durch Nachverbrennung im Abgastrakt

Anmerkung:
Alle technischen Daten in diesem Buch entstammen den offiziellen Angaben des Herstellers Piaggio und sind ohne Anspruch auf Vollständigkeit und Gewähr. Sie gelten, wenn nicht ausdrücklich anders angegeben, für die Produktion im Stammwerk Pontedera für den europäischen Markt. Selbst innerhalb derselben Serie, insbesondere aber bei Fahrzeugen für Exportmärkte, können Seriennummern, Motoren, Maße, Gewichte, Ausstattung, Fahrleistungen und mehr zum Teil erheblich abweichen.

NOLAN

VII. Der Marktführer – Vespa GTS

Anders als alle anderen

Das Update

2005 wird die GT einem ersten Facelift unterzogen, das äußerlich eher geringe Retuschen aufweist, dafür aber umso mehr auf der technischen Seite zu bieten hat. Optisch aufgewertet wird die Karosserie mit einem verchromten Hupengitter auf dem Kaskadenschild, das in seinem unteren Teil jetzt ein Standlicht beherbergt, und einer erhabenen Chromleiste auf dem vorderen Kotflügel, in die ein Schildchen mit dem Schriftzug »Gts« eingelassen ist. Das mattsilberne Hitzeschutzschild des Auspuffs mit dem großen längsovalen Loch im Zentrum muss einer Chromausführung mit mehreren Längsschlitzen, wie es die neue LX besitzt, weichen. Und verchromt ist auch die vorher schwarzlackierte Feder an der Vorderradschwinge. Weggefallen sind leider der Haltegurt für den Beifahrer und die Gepäckträgerplatte.

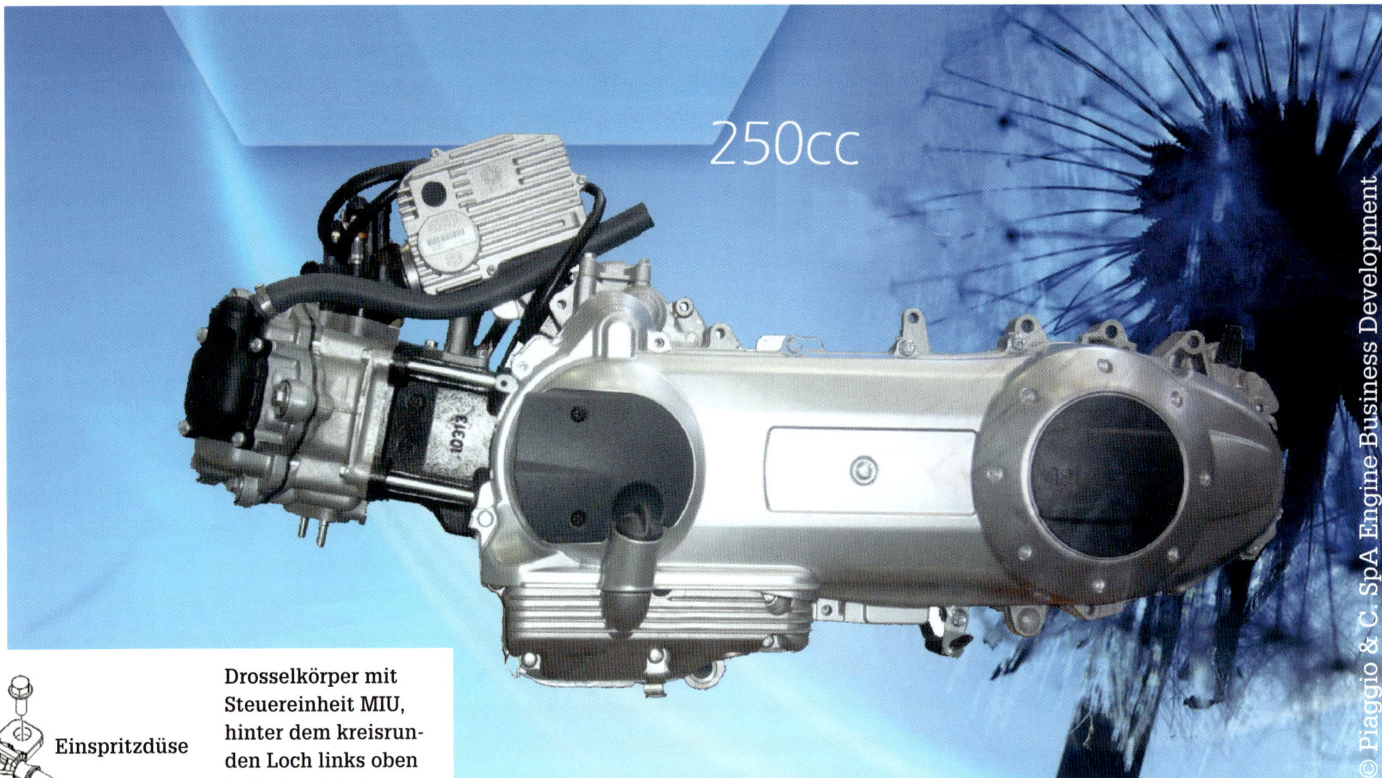

Der neue QUASAR-Motor von der Seite. An der Stelle des Vergasers befindet sich jetzt eine Einspritzeinheit.

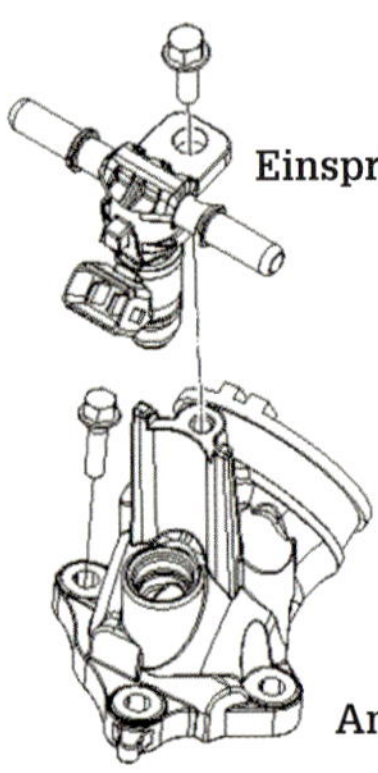

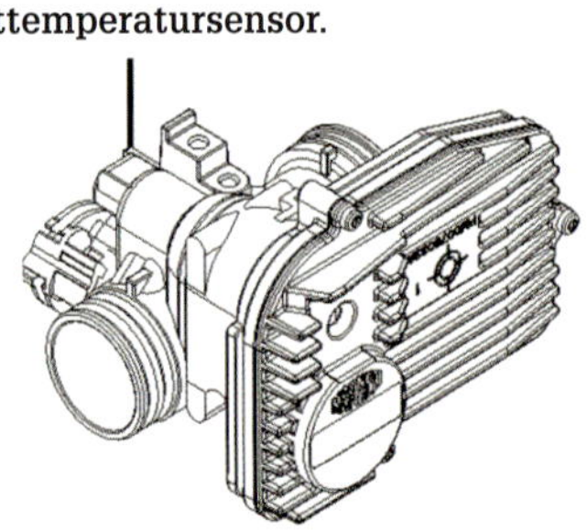

Drosselkörper mit Steuereinheit MIU, hinter dem kreisrunden Loch links oben befindet sich der Lufttemperatursensor.

Nicht unumstritten blieb die Änderung des Kombiinstruments: die gut ablesbaren Rundinstrumente für Tank und Kühlwasser wurden durch ein Display mit Digitalanzeigen ersetzt. Im Gegensatz dazu verspricht das prominente Rücklicht besser erkannt zu werden, vor allem von der Seite – ein klares Plus an passiver Sicherheit.

Jetzt mit Benzineinspritzung

Die Revolution findet unter dem Blech statt: der 200ccm-Saugmotor wird von einem 250ccm-Aggregat mit elektronischer Kraftstoffeinspritzung und einem geregelten Dreiwegekatalysator, dem neuen QUASAR-Motor*, abgelöst. Bei einem Zylindermaß von 72mm x 60mm Bohrung x Hub ist er ebenfalls sehr drehfreudig ausgelegt. Von der mechanischen Seite ist er dem Leadermotor ähnlich, hat allerdings einen geänderten Anlasser, der jetzt auf der rechten Seite sitzt und seinen Freilauf am großen Hauptritzel hat, das hier vom Polrad mitgenommen und vom allgemeinen Ölkreislauf geschmiert wird. Obwohl die absolute Leistung mit 21,4PS bei 8500/min nur wenig höher als bei der 200er Maschine ausfällt und die gleiche Höchstgeschwindigkeit von 120km/h erreicht wird, geht es hier ganz anders zur Sache: bereits bei 6500/min steht jetzt ein Drehmoment von 20,1 Nm an und verspricht satten Durchzug in jeder Fahrsituation. Auch erfreulich: die strenge Abgasnorm Euro-3 wird erfüllt. Das Fahrzeug hört fortan auf die Bezeichnung »GTS 250i.e.« (ZAPM45100) und ist sogar mit einem elektronischen Antiblockiersystem (ABS) des Zulieferes FTE erhältlich.

*) QUA.S.A.R. = Quarter Liter Smooth Augmented Range

Stuzzicatela – reizt sie, ärgert sie

Von vorne und von der Seite erkennt man die Unterschiede der neuen GTS zur alten GT: Eine prominente Chromleiste, auch Zierfinne genannt, auf dem vorderen Kotflügel, eine quergeteilte Chromeinfassung des Hupengitters, in dessen unterem Teil ein Standlicht eingelassen ist, und ein prominentes Rücklicht. Dafür sind der Haltegurt für den Beifahrer und die Grundplatte für den Gepäckträger weggefallen.

Beide Fahrzeuge wurden mit Originalzubehör ausgestattet: rechts Topcase und Windschutzscheibe, unten Gummifußmatte und Gepäckträger.

Verwechslung ausgeschlossen: in die Zierfinne ist ein Plättchen mit der Modellbezeichnung eingelassen.

Doch der Reihe nach: »i.e.« steht für elektronische Benzineinspritzung (iniezione elettronica), was zwar griffig klingt, aber reichlich untertrieben ist. Tatsächlich verbirgt sich hinter dem Kürzel ein hochmodernes und sehr komplexes elektronisches Motormanagement des renommierten italienischen Zulieferers Magneti Marelli mit dem Namen MIU (Mototrcycle Injection Unit). Die Zündanlage ist so mit dem Einspritzsystem verknüpft, dass anhand der Daten zahlreicher Sensoren je nach Betriebszustand der optimale Zündzeitpunkt und die optimale Kraftstoffration für eine bestmögliche Funktion in jeder Situation gewählt wird, sei es beim Kaltstart, im Leerlauf, während der Warmlaufphase oder in jeder beliebigen Fahrsituation, egal ob bei Teil- oder Volllast. Dabei wird der Kraftstoff nicht mehr im Vergaser »zerstäubt«, sondern direkt über ein elektromagnetisches Ventil kurz vor den beiden Einlassventilen in den Saugstutzen gespritzt. Neben mustergültigen Fahreigenschaften zählen ein geringerer Benzinverbrauch und verbesserte Abgaswerte zu den begrüßenswerten Folgen dieser Neuerung.

2x Jahrgang 2005: links die neue GTS 250i.e. mit Chromapplikationen an Kotflügel und Hupe und rechts die neue LX als Nachfolgerin der erfolgreichen ET, angelehnt an das Design der großen GT.

Während sich die Roller der beiden Baureihen von vorne stark ähneln, erkennt man von oben den gewaltigen Größenunterschied: die LX mißt 1,77m in der Länge, die GTS 1,93m!

Ein Jahr nach dem Debüt der GTS 250i.e. kommt auch die GT 125 in den Genuss des neuen Designs und rollt als GTS 125 in der Saugversion vom Band. Ihr bleibt das Cockpit mit den Zeigerinstrumenten erhalten.

Noch eine neue GTS

Wenige Monate nach Einführung der GTS 250i.e. rollt 2006 in dem neuen Outfit auch eine GTS 125 vom Band (ZAPM31300). Sie behält den Vergasermotor aus der GT, der dort bereits an die Euro 3-Abgasnorm angepasst wurde. Er bringt es jetzt auf 14,3PS bei 9.500/min mit einem max. Drehmoment von 12,0Nm bei 8.000/min, eine geringe Leistungseinbuße, die sich in der Praxis kaum spürbar auswirkt.

Ganz so günstig wie die GT sind die Neuen leider nicht zu haben. 4.400 € kostet die 250i.e., 600 € weniger die 125er. Für das ABS muss ein Aufpreis von 400 € entrichtet werden. Dafür bekommt man mit Limegelb und Dragonrot eine farbenfrohe Ergänzung zu Schwarz, Silber und Mitternachtsblau. Fast schon überflüssig zu erwähnen, dass auch das Zubehörangebot noch einmal kräftig erweitert wurde.

Die endgültige Abkehr von der Vergasertechnik erfolgt 2009: die GTS 125 wird aus dem Programm genommen. Die GTS 250i.e. bleibt bis 2012 unverändert und wird dann ersatzlos gestrichen. Erst 2015 folgt in Gestalt der GTS 300 wieder ein Modell in dem gleichen klassischen Outfit ohne Super (S.103) und ohne Super Sport (S.113). Allerdings gab es schon seit 2011 als Touring 300 eine Variante in dieser zeitlos eleganten Aufmachung (S. 118).

Ganz verabschiedet hatte sich Piaggio damit aber noch nicht von der Viertellitermaschine: 2015 läuft die GTS 250i.e. als „Sparversion" wieder vom Band, ohne ABS und ASR, aber mit allen Neuerungen, die das Facelift 2014 (S. 121) gebracht hat. Sie bleibt Italien und einigen Exportmärkten, darunter Österreich, vorbehalten.

Jetzt auch mit ABS

Die neue GTS 250i.e. war gegen Aufpreis auch mit einem elektronischen Antiblockiersystem (ABS) des Zulieferers FTE zu haben. Vorder- und Hinterradbremse arbeiten hier nicht mehr unabhängig voneinander, sondern sind durch ein Verzögerungsventil verbunden: wenn der Bremsdruck am Hinterrad 8 bis 10 bar überschreitet, öffnet das Ventil und leitet einen Teil des Drucks an die Vorderradbremse weiter, die damit ebenfalls aktiviert wird. Man spricht deswegen von einer »Integralbremse«. Bei Fahrzeugen mit ABS befinden sich am Vorderrad ein gut sichtbarer gelochter Sensorring, der sich mitdreht, und ein unbeweglicher Sensor, der die Drehbewegung abtastet. Blockiert das Vorderrad durch zu starkes Zupacken am Bremshebel, öffnet das ABS-Steuergerät das Verzögerungsventil und baut am Hinterrad Druck auf, was den vorne anliegenden Bremsdruck reduziert. Jetzt

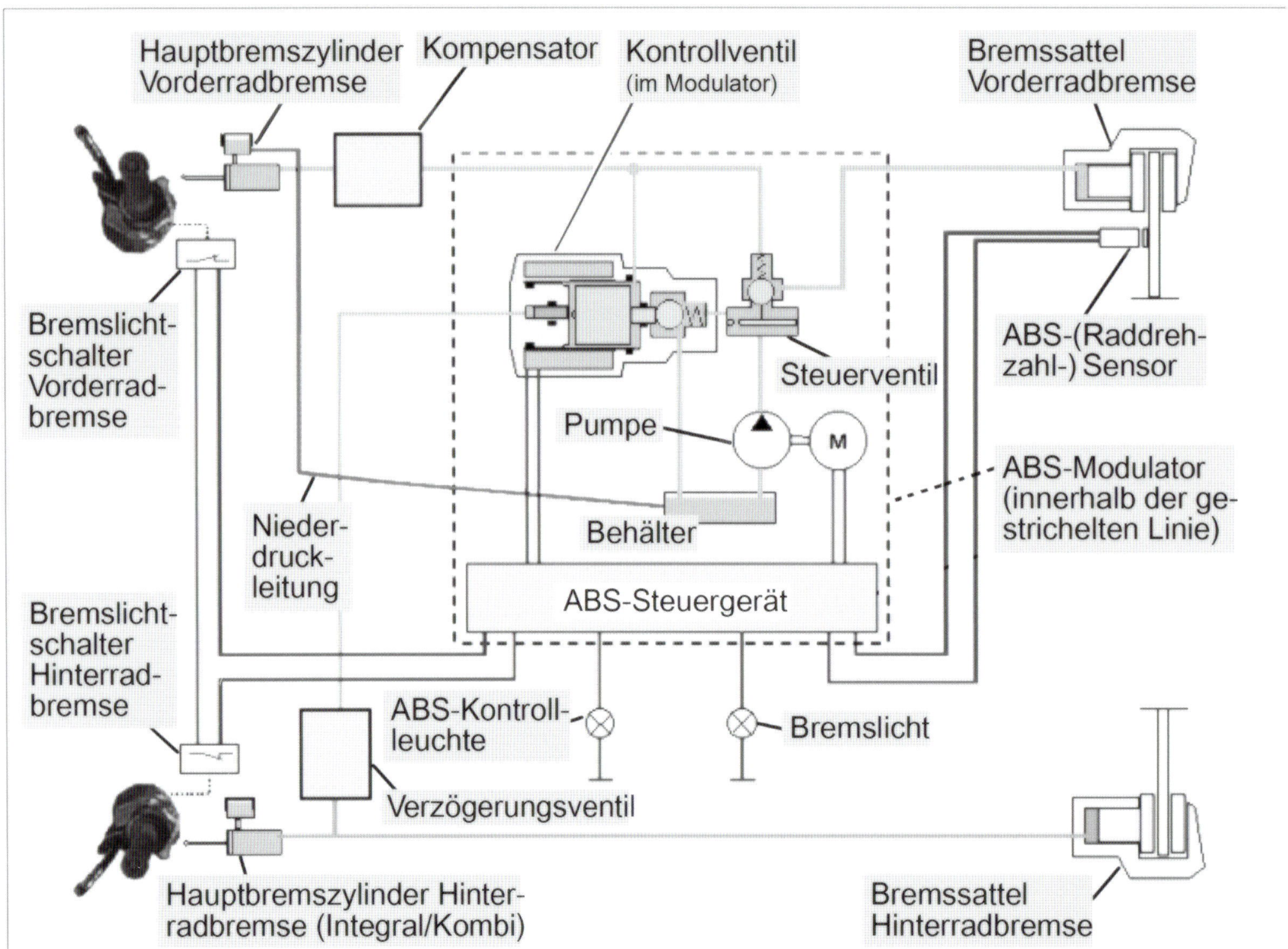

geben die Bremsbeläge die vordere Scheibe frei und das Rad kann sich weiter drehen. Bei andauerndem Bremsdruck am Handbremshebel, etwa in einer Gefahrensituation, blockiert das Rad kurze Zeit später erneut und der ABS-Vorgang wiederholt sich im Bereich von Millisekunden. Der Fahrer registriert die Funktion des ABS nur am kurzen »Stottern« des Rollers. Der Zugewinn an Sicherheit ist immens. Die ABS-Option erhöhte allerdings die an den Bremshebeln aufzubringenden Handkräfte, was etwas gewöhnungsbedürftig war und nicht ganz zu unrecht in mehreren Testberichten beanstandet wurde.

Schematische Darstellung des ABS Regelsystems. Mit der vorderen Bremse ist die hintere durch ein Verzögerungsventil verbunden (s. Text u. Schema linke Seite). Am Vorderrad meldet der Sensor dem Steuergerät, wenn das Rad und mit ihm der charakteristische gelochte Sensorring blockiert. Dann wird blitzartig Druck in der Bremsleitung abgebaut. Wenn am Handhebel nicht nachgegeben wird, wiederholt sich der Vorgang immer wieder.

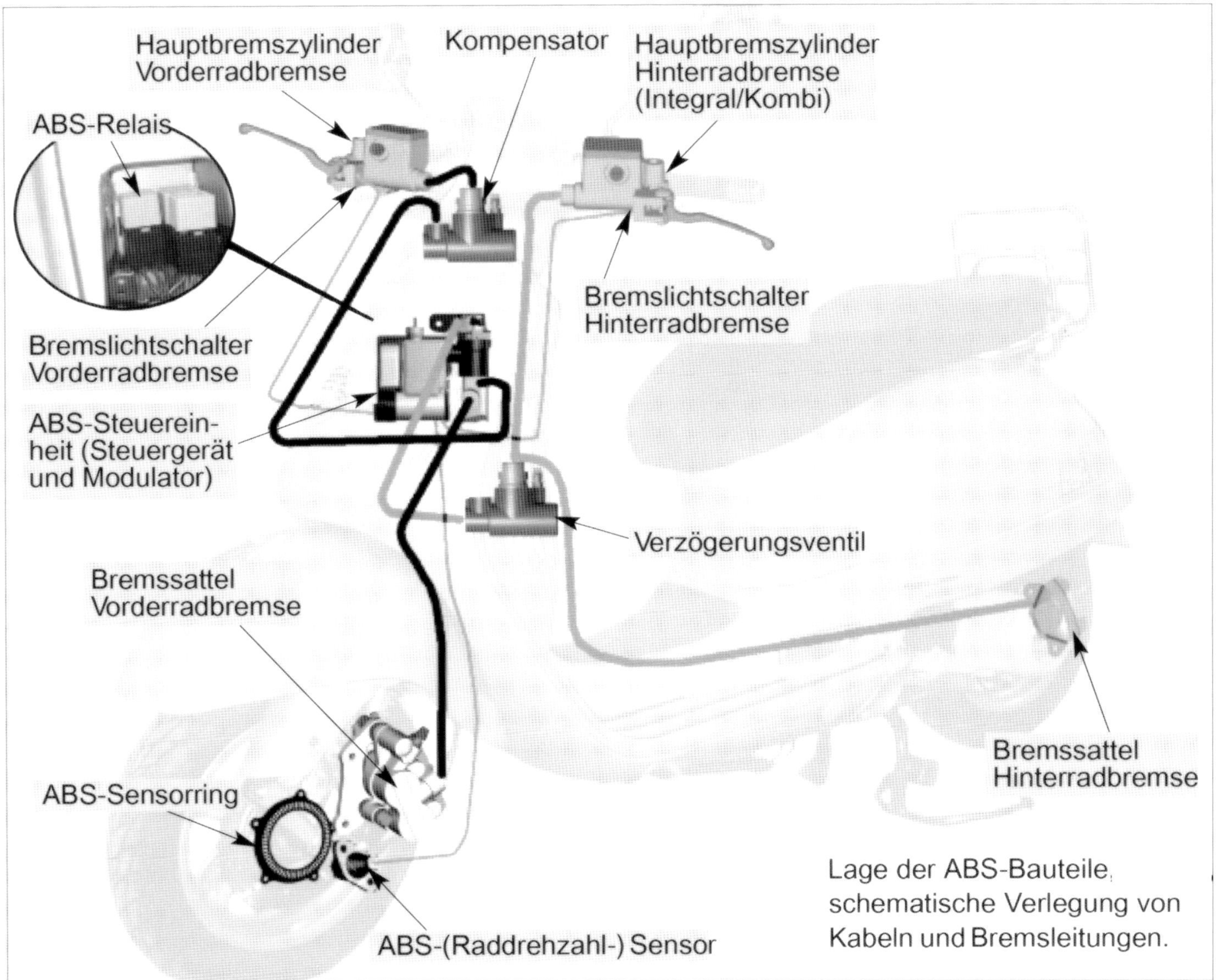

Vespa bleibt Vespa

Nach dem gewaltigen Medienecho bei der Granturismo blieben die Reaktionen auf die neue Einspritzversion nicht aus:

Über die GTS 250i.e. schreibt Thilo Kozik im MOTORETTA-Spezial „60 Jahre Vespa“ 2006:
So hat eine klassische Vespa auszusehen und nicht anders … in der Spitze rollert die GTS mit echten 125km/h über die Autobahn und rennt dabei fröhlich in den elektronischen Drehzahlbegrenzer. Zurecht bemängelt Kozik den aus China stammenden Tacho, *der mit 143km/h ordentlich übertreibt. Lob dagegen für die tolle Laufruhe und das 12“-Fahrwerk, mit dem die GTS sauber die Spur hält und sich bei flotter Fahrt weitgehend resistent gegen äußere Störimpulse erweist. Auch das optionale Antiblockiersystem wird unter die Lupe genommen, so ... stellt der Bremskraftverstärker knackige Druckverhältnisse bereit, allerdings nur bei entsprechender Drehzahl. … voll unterstützt bremst es sich herzhaft … zwar leidet ein wenig die Dosierbarkeit, … doch bei Gefahr kann man ohne Nachdenken vehement an die Handbremshebel packen, ohne Angst vor einem blockierenden Vorderrad zu haben.*

Das Magazin Motor Roller *lobt die ausgezeichneten Platzverhältnisse sogar für Großgewachsene und stellt fest: Motorseitig herrscht eitel Sonnenschein: Sauber hängt der flüssigkeitsgekühlte Einzylinder am Gas, sein belebendes Drehmoment sorgt für einen kräftigen Antritt bei besten Manieren und eine tolle Höchstgeschwindigkeit.*

Für das Onlineportal Motorline.cc *ist die GTS 250i.e. mit der Höchstgeschwindigkeit von 118 km/h selbst auf der Autobahn kein zweirädriges Hindernis. Doch eindeutig wohler fühlt sich die Vespa nicht zuletzt auch wegen des eher weichen Fahrwerks beim gemütlichen Cruisen in der Stadt oder auf Landstraßen.*

Das erhabene neue Rücklicht ist besser als das alte zu erkennen.

Und das Fazit von 1.000PS.de kommt gar einer Liebeserklärung für die anmutige Italienerin gleich: *Und hallo, schön ist die Wespe, da kann kein anderer Roller mit. Modernstes Retro-Styling.*

Naturgemäß unterliegen die Eindrücke mehr oder minder dem subjektiven Empfinden. Design, Ergonomie und Antrieb werden unisono gelobt, genauso regelmäßig werden Kritik an dem zu kleinen Helmfach, dem überspritzenden Tankstutzen und den hohen Kräften für das Aufbocken und Bremsen geäußert. Und während den einen die Vorderradfederung gerade recht ist, reagiert sie für andere zu unsensibel. Im Prinzip aber waren sich alle einig: Die Neue war ein großer Wurf und der Motor eine Klasse für sich.

Das Hitzeschutzschild am Auspuff wurde von der kleinen Schwester LX übernommen. Der neue Schriftzug weist die Motorisierung aus.

Linke Seite: Das Design des neuen Kombiinstruments ist umstritten: die alten Zeigerinstrumente ließen sich besser ablesen.

Ein verchromter Gepäckträger gehört neben einer Windschutzscheibe und einer Gepäckbox (Topcase) zu den beliebtesten Zubehörteilen, die werkseitig angeboten werden.

Der Katalog an Original-zubehör wird von Jahr zu Jahr dicker.

Der starken GTS 250i.e. blieb das auf Wunsch aufpreispflichtige Antiblockiersystem am Vorderrad vorbehalten. Für die GTS 125 steht es nicht zur Verfügung.

Präzision mit Handarbeit und laufende Qualitätskontrolle gehören zum Selbstverständnis Pontederas.

INSPECTION POINT

Für die Einführung der Vespa GTS Super ließen sich die Marketingstrategen etwas Besonderes einfallen: ganz dem römischen Erbe verpflichtet, nimmt dieser Herr zweitausend Jahre nach seiner Zeit die Herausforderung der hochmodernen GTS Super mit einer gewissen Skepsis im Gesicht an. Piaggio ließ das Motiv auf wandgroße Transparente zum Aufhängen drucken. SFIDATELA - fordert sie heraus!

GTS Super

Wer Italien und die Italiener kennt, konnte erahnen, dass es bei der GTS nicht bleiben würde. 2008 zündet Piaggio die nächste Stufe der Modellevolution: kraftvoll und dynamisch kommt die Vespa GTS Super daher, mit einem wappenförmigen Hupengrill im prominenten neuen Kaskadenschild und Längsschlitzen in der rechten Seitenbacke, wie es sie schon lange nicht mehr bei einer Vespa gegeben hat. Die haben hier zwar keinerlei Funktion, sind aber als Reminiszenz an längst vergangene Zeiten eine Genugtuung für alle Nostalgiker. Hatte die Urvespa noch ein großes offenes Luftfenster in der Seitenbacke, bekam die Vespa 125 ab 1953 die markanten Längsschlitze, die durch alle weiteren Baureihen mit großer Karosserie hindurch erhalten geblieben und erst mit der PX 1977 wieder verschwunden sind. Erkennungszeichen der GTS Super aber ist die knallrote Schraubenfeder am Vorderrad und das rote Super-»S«. Und es gibt wieder die ursprünglichen Rundinstrumente im Cockpit – schwarz hinterlegt und natürlich mit roten Zeigern. Schwarz ist ab sofort auch der Speichenkranz der Räder.

Revolution unter dem Blech

Wie schon bei der GTS 250i.e. spielt sich die eigentliche Sensation einmal mehr unter dem Blech ab. Dort tut der größte und stärkste Vespamotor aller Zeiten Dienst, leise, unauffällig, effizient. Wie der 250er gehört er zur QUASAR-Familie. Mit einem Hubraum von exakt 278cm^3 bei 75mm Bohrung und 63mm Hub sorgt er in der GTS 300i.e. Super (ZAPM 45201) für Vortrieb in einer anderen Dimension: zwar liegt die Nennleistung mit 21,5 PS (15,8kW) bei 7.500/min fast gleichauf mit der des Viertelliter-Motors (15,7kW), wesentlich eindrucksvoller aber ist die Art der Kraftentfaltung: das max. Drehmoment von 22,3Nm liegt hier bereits bei 5000/min an und garantiert schier endlose Kraftreserven und Elastizität über das gesamte Drehzahlband mit überlegenen Fahrleistungen. Die Höchstgeschwindigkeit wird mit 118km/h angegeben, in der Praxis aber wird problemlos die 120er Marke erreicht und mitunter überschritten, bis der Drehzahlbegrenzer abregelt.

Dass die ersten Modelle nur in Schwarz oder Weiß ausgeliefert wurden, zeigt das bewußt zur Schau gestellte Understatement. Dragonrot kommt später. Mit dem Einstandspreis bleibt Piaggio gerade noch 100 € unter der 5.000er-Marke. Stefan Glück bemerkt im »roller spezial« 2009: *zwar kein Schnäppchen, aber im besten Sinne ihren Preis wert.* Weniger der Preis als vielmehr Design, Ergonomie und Fahrleistungen sind Thema in den Kommentaren der einschlägigen Medien:

In seiner Ausgabe 7/2008 fällt das Fachmagazin MOTORRAD das Urteil: *Beschleunigung aus dem Stand begeistert; Ergonomie und Platzangebot sind vorbildlich.* Doch ganz ohne Kritik geht der Test nicht ab: *Vorderradfederung arbeitet unsensibel.*
Kaum anders das Rollermagazin MOTORETTA 10/2008: *Zeitlos elegantes Kultfahrzeug mit ausgezeichneter Ergonomie und rassigem Antritt.*
Der Testbericht in 2Räder 6/2008 bringt den Antrieb auf den Punkt: *besser geht's nicht.*
Und die FAZ bescheinigt: *»gepaart mit einer Ausstrahlung, die wohl am besten mit dem Begriff Reife zu beschreiben ist«.* Wer wollte dem widersprechen…

Das GTS Super Rot sogar für die Zeiger der Instrumente.

Kraftvoll und dynamisch ist der Auftritt der neuen Vespa GTS Super.

Das Kaskadenschild ist erhaben geworden, und der Auslass für die Hupe hat die Form eines Wappens angenommen.

Rot ist die Kennfarbe der GTS Super: für die Vorderradfeder, für das »S« am Heck und in der Zierfinne

... – nicht Original aber Original-Zubehör und deutlich genug, um Aufmerksamkeit zu erregen, ist der runde Deckel in der Abdeckung des Antriebsstrangs.

300

Die beiden bildschönen GTS Super sind der Inbegriff an italienischer Eleganz.
Das »Gts« in der Zierfinne ist durch ein kleines rotes »S« ersetzt worden.

Längsschlitze in der Seitenbacke und der Schriftzug machen unmissverständlich klar, welches Triebwerk hier zum Einsatz kommt ...

Das Warten hat ein Ende - Endlich auch ein kleiner Einspritzmotor

Wem das alles des Guten zu viel ist, für den hält Piaggio endlich eine kaum weniger aufregende Alternative bereit: die brandneue GTS Super 125i.e. Jahrgang 2009 (ZAPM45300). Das neue Triebwerk verfügt nun auch in dieser Hubraumklasse über eine elekronische Benzineinspritzung und gehört damit ebenfalls zur QUASAR-Familie.

Erinnern wir uns kurz zurück: als die große Granturismo 2003 neu auf den Markt kam, war sie ausschließlich mit Saugmotoren in zwei unterschiedlichen Motorgrößen zu bekommen, nämlich mit 125cm³ und mit 200cm³. Zwei Jahre später, 2005, wurde das größere von beiden Triebwerken von einer neuen Maschine abgelöst, die mit 250cm³ nicht nur mehr Hubraum, sondern auch eine zeitgemäße Einspritzanlage bekam und seitdem in der aufgewerteten Karosserie der GTS ihren Dienst tut. Der kleinere Motor indes wurde im Jahr darauf unverändert als Saugmotor in die GTS übernommen. Erst 2009 wurde auch er mit einer Einspritzanlage versehen, dann aber gleich in der Karosserie der neuen GTS Super eingesetzt. Die einfache GTS 125 wurde im selben Jahr ersatzlos aus dem Programm genommen.

Äußerlich zu erkennen gibt sich das neue Kraftwerk durch eine kantigere Abdeckung des Antriebsstranges mit einem größeren länglichen Kunststoffdeckel für die Belüftung.
Mit 57,0mm x 48,6mm Bohrung x Hub sind die Zylinderabmessungen die gleichen wie bei dem Saugmotor aus GT und GTS. Eine Leistungsausbeute von 15PS bei 9750/min und ein max. Drehmoment, das mit 12,0Nm bei 7500/min anliegt, ermöglichen eine Höchstgeschwindiglkeit von 103km/h und eine Art von Fahrspaß, bei dem in keiner Situation das Gefühl aufkommt, untermotorisiert unterwegs zu sein. Dabei geht der neue Roller sorgsamer mit dem Treibstoff um als bisher.

Entsprechend fällt das Urteil der Presse aus, die sich einig ist, dass der neue Einspritzmotor der 125er ausge-

Bei weitem nicht untermotorisiert gibt sich die GTS 125i.e. Super.

Die Abdeckung des Antriebsstranges des neuen 125i.e.-Motors fällt etwas kantiger als bisher aus. Der runde Deckel für die Variokühlung wird durch einen größeren länglichen ersetzt. Auf der gegenüberliegenden Seite befindet sich anstelle der charakteristischen schneckenförmigen Wasserpumpe ein glatter Gehäusedeckel mit der Abkürzung „ecs" (electronic cooling system). Dort ist jetzt auch der Schraubverschluss für die Öleinfüllöffnung.

sprochen gut tut und sie leiser, kultivierter und sparsamer geworden ist:

Gefühlt sind das kaum weniger als beim größeren Schwestermodell GTS 300 mit dem stärkeren Motor, lobt FAZ-Tester H.-H. Pardey *die gelungene Abstimmung und mochte ihr sogar größere Autobahn-Touren zutrauen, auch wenn an längeren Steigungen dann doch nicht die vollkommene Freude aufkommt.*
Norbert Meiszies bescheinigt ihr im Tagesspiegel v. 20. Juni 2009 *einen wesentlich ausgeglicheneren Eindruck und vermerkt anerkennend die viel gleichmäßigere Reaktion auf Gasbefehle.*

In Sachen Ergonomie und Fahrverhalten gilt sowieso das, was die Presse auch bei der 300 Super hervorgehoben hat: tolle Sitzposition für den Fahrer, tourentaugliche Unterbringung für den Sozius und leichte Nervosität in Kurven und bei schlechten Fahrbahnbelägen.

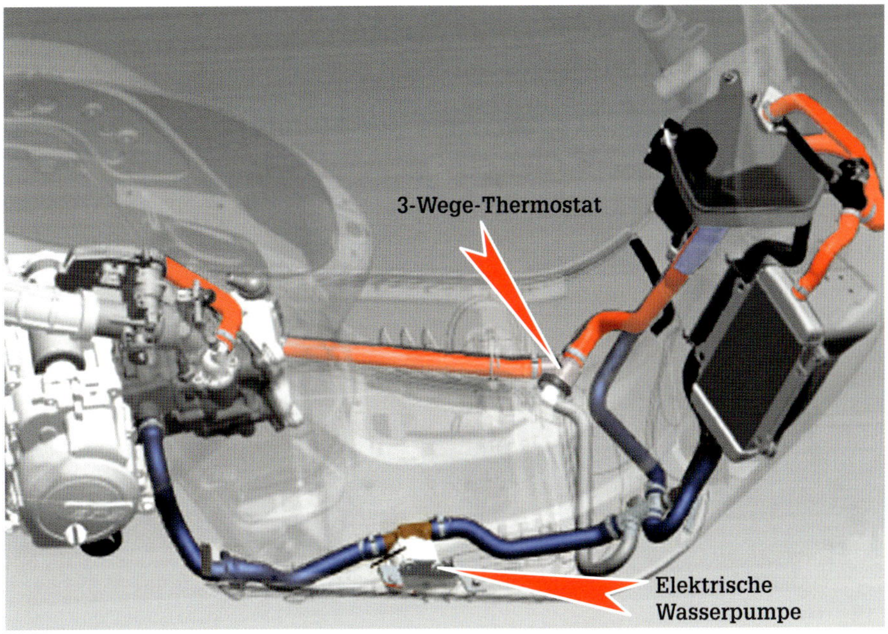

Der Blick von rechts auf den Motor (Fahrtrichtung nach rechts) zeigt den Weg des Kühlwassers. Die elektrische Wasserpumpe sitzt unter dem rechten Trittbrett und befördert das heruntergekühlte Wasser (blau) zum Motor, wo es den Zylinder umspült und am Zylinderkopf erhitzt wieder austritt (rot). Dort sitzt auch der erste von zwei Thermostaten. Auf dem Weg nach vorne zu den Kühlern passiert das Wasser einen zweiten Thermostat (s.u.).

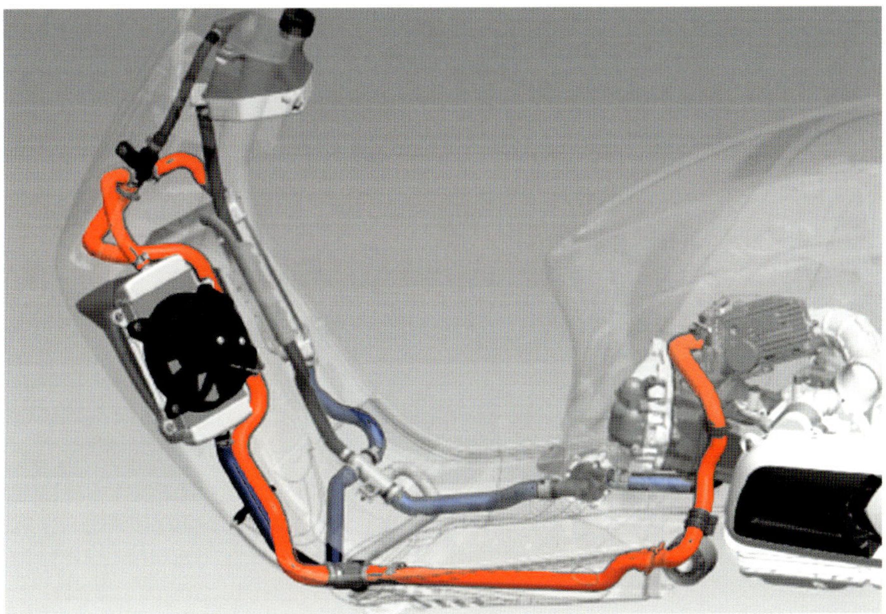

Gesamter Kühlkreislauf von links gesehen (Fahrtrichtung nach links). In der linken Hauptleitung (rot) erkennt man am Grund des Beinschildes einen Abzweig (grau) zur rechten Hauptleitung (blau). Hier sitzt ein zweiter Thermostat, der je nach Temperatur den Weg zu den Kühlern unterbrechen und das Wasser direkt zurückleiten kann.

Sogar mit elektronischem Kühlsystem

Als Alleinstellungsmerkmal kommt bei der kleinen GTS Super 125 sogar noch eine sensorgesteuerte elektrische Wasserpumpe mit geregelter Förderleistung zum Einsatz, genannt ECS (Electronic Cooling System)*. Neben dem bekannten Thermostat im Zylinderkopf vermag ein weiterer Dreiwegethermostat den Weg des erhitzten Kühlwassers an den Kühlern vorbei umzuleiten, um eine optimale Betriebstemperatur zu gewährleisten (Einzelheiten s. Abb.).

*) Piaggio ist wegen der höheren Zuverlässigkeit 2013 wieder zu der mechanischen Wasserpumpe zurückgekehrt.

Super

GTS Super Sport

Damit noch nicht genug: wem das alles nicht reicht, für den hält Piaggio seit dem Jahr 2010 die nächste Evolutionsstufe bereit: eine GTS Super Sport in einer betont sportlichen Aufmachung und trotzdem edel und elegant in mattglänzendem Titansilber und unverwechselbar dank des dicken Schriftzuges »Super« auf den Schürzen der Seitenbacken. Das ist aber noch nicht alles: am Heck und auf dem Beinschild prangt ein geschwungenes »S« und auf der Staufachklappe der Schriftzug »Super Sport«, jeweils mit rotem »S«. Zu haben ist sie mit den bewährten QUASAR-Motoren aus der »einfachen« GTS Super mit 125cm^3 oder mit 300cm^3, freilich ohne dass sich die Fahrleistungen geändert hätten. Für das zusätzliche »Sport« sind 150 € Mehrpreis gegenüber der einfachen »Super« fällig,

Die Vespa GTS 300i.e. Super Sport ist sowas wie die Referenz. An diese Legende kommt einfach keine andere Marke heran, zuviel historia, zuviel emozione, zuviel amore stecken im weihevollen Wort Vespa.
Diesem Zitat aus »1000 PS.de« ist nichts hinzuzufügen.

»Super« reicht, um die Super Sport unverwechselbar zu machen.

GTS Super Sport – eine elegant-sportliche Erscheinung

In den folgenden Jahren bekommt die GTS Super Sport neben dem klassischen Titansilber auch Maßanzüge in anderen Farben: die vornehmste Erscheinung ist die Ausführung in Mattschwarz mit dezent silbergrauer Schrift.

Wer es etwas bunter mag, kann die Beschriftung und das Kederband der Sitzbank in einem mehr oder minder kräftigen Orangeton oder das ganze Fahrzeug gleich in glänzendem Quietschorange bekommen. Allen gemeinsam bleibt der verchromte Schriftzug auf der Staufachklappe – natürlich mit rotem »S«.

GTS Super mit Topcase und Stoßbügeln und GTS Super Sport auf einen Blick. Der Sportauspuff aus Edelstahl wird gerne als Ersatz für den leider sehr rostanfälligen Originalauspuff angebracht.

Bei ihrer Einführung im Jahr 2011 hatte die neue GTS Touring das verchromte Hupengitter (kleines Bild), im Verkaufsprospekt des Jahtres 2012 trägt sie das Urschild ohne Chrom aus der GT.

Klassisch schöne und gut ablesbare Rundinstrumente zeichnen das Instrumentenboard der GTS Touring aus, hier ein Modell des Jahrgangs 2014 in »Braun Creta Senese«.

GTS Touring

Weit konservativer, aber mit nicht weniger Power, geht es bei der 2011 neu ins Programm aufgenommenen Ausstattungsvariante »Touring« zu, die ihrem Namen mit je einem klappbaren verchromten Gepäckträger vorne und hinten und einem kleinen Schutzschild als reisetaugliche Alternative zur Ehre gereicht. Sie verfügt ebenfalls über den starken 300cm^3-Motor, pflegt aber einen dezenteren Auftritt als die Super- und Super-Sport-Geschwister. Sie kommt ohne die geschlitzte Seitenbacke aus, rollt auf schlichten silbernen Felgen und hat das klassische Kombiinstrument ohne das Digitaldisplay der parallel gebauten GTS 250i.e.. Zu ihrer Markteinführung war sie auch mit deren Kaskadenschild mit dem runden chromgefassten Hupengrill ausgestattet, ein Jahr später erschien sie dann aber überraschenderweise mit der Urausführung aus der GT ohne die Chromapplikation. Dazu passt die unaufdringliche Lackierung im erdfarbenen Braunton der Toskana, »Terra di Toscana«.

Wurde die Touringvariante am Anfang noch als „special Edition“ und danach als »special Series« gelistet, konnte sie sich in den Folgejahren als willkommene Ergänzung der Modellpalette dauerhaft etablieren. Dabei gab es sie bis zum Jahr 2018 ausschließlich mit dem 300er-Motor. Ganz der klassischen Linie verpflichtet, pflegt sie bis heute eine konservativ zurückhaltende Farbgebung.

Der Aufpreis beträgt wie bei der Super Sport gegenüber der Super 150 **€**, immerhin für einen nicht nur optischen Gegenwert. Bleibt als preiswertere Alternative noch die einfache GTS mit der 250er Maschine: 4.900 **€** sind zwar auch kein Schnäppchen, aber 400 **€** weniger ein Wort. Allerdings ist Beeilung angesagt: 2012 wird sie aus dem Programm genommen. Erst 2015 gibt es wieder eine ganz normale GTS mit klassisch silbernen Felgen und ohne Dekor oder Zubehör als GTS 300, und noch einmal zwei Jahre sollte es dauern, bis sie auch als 125er erhältlich ist.

Vespa World Days
2017

VIII. High-Tech Modellpflege

Ingenieurskunst ohne Grenzen

Es war nur eine Frage der Zeit: wenige Monate nachdem die brandneue »Primavera« die Vespa LX in der kleinen Baureihe abgelöst hat, stellt Pontedera die überarbeiteten großen GTS-Modelle mit den Innovationen eben dieser Primavera und noch viel mehr vor.

Äußerlich sind die Veränderungen des Modelljahrgangs 2014 erst auf den zweiten Blick auszumachen. Von den kleinen Modellen übernommen wurde das neue Kombiinstrument mit Analogtacho und Digitalanzeigen, hier mit einer Chromeinfassung aufgewertet. Eine weitere Chromeinfassung bekommt das Rücklicht. Bei der GTS Super sind die Stege des Hupgitters jetzt leicht V-förmig angeknickt, während bei der klassischen GTS einschließlich »Touring« das ganze Schild umgestaltet wurde und anstelle des bisher runden Gitters nur noch drei V-förmige Schlitze besitzt. Die größten Segnungen aber werden dem Fahrwerk zuteil, es erhält die modifizierte Vorderradaufhängung mit ESS-Kinematik*: die Konstruktion führt zu einer Reduzierung der inneren Reibung um 50% bei gleichzeitig höherer Verwindungssteifheit, was Komfort, Spurtreue und Stabilität zugute kommt.

Digital und elektronisch aufgerüstet

Ergänzt wird das Ganze durch die zunächst noch aufpreispflichtigen Zweikanal-Kontrollsysteme ABS und ASR** von Zulieferer Continental, die das Blockieren und Durchdrehen der Räder wirkungsvoll verhindern. Im Unterschied zu dem alten Integralsystem in der GTS 250i.e. (S. 94/95) handelt es sich hier um ein hochmodernes Zweikreissystem mit unabhängigen Sensoren an jedem der beiden Räder (125er Modelle ZAPM45301, 300er Modelle ZAPM 45202). Und schließlich wird auch elektronisch aufgerüstet: hinter der Abkürzung VMP verbirgt sich die »Vespa-Multimedia-Platform«, dank

---

*) ESS = Enhanced-Sliding-Suspension (das System wurde in dieser Form allerdings nur drei Jahre gebaut)
**) ABS = Anti-Blockier-System (Vorder- u. Hinterrad), ASR = Anti-Schlupf-Regelung (Hinterrad, nur 300er)

deren Hilfe sich mittels eines Bluetooth-Transmitters alle Fahrzeugdaten per Smartphone auslesen lassen. Und die ganz Vergesslichen finden anhand der letzten abgespeicherten GPS-Daten sogar den genauen Ort wieder, wo sie ihre Vespa abgestellt haben. Allerdings sind die Updates nicht ganz umsonst zu haben: die 125i.e. kostet ohne ABS 4.650 €, mit sind es 400 € mehr. Bei der 300er geht es mit 5.500 € los, allerdings ist hier der Mehrpreis mit 300 € etwas moderater. Und für die Super Sport sind jeweils noch einmal 200 € draufzulegen, sie gibt es sowieso nur noch mit den Regelsystemen.

Die Onlineplattform motomobil.at fällt in ihrem Testbericht das Urteil: *Mit der neuen Vorderradführung ist die GTS spürbar komfortabler, sie steckt unangenehme Bodenschläge weg – und das auch in Schräglage, ohne das Blechchassis nennenswert zu beunruhigen.* Und zum ABS: *Kräftige Bremsmanöver verlangen ein gewis-*

Die neue Vespa GTS Super ist eine elegante Erscheinung.

ses Ausmaß an Handkraft..... Besonders bei der Hinterradbremse sollte man bei »normaler« Fahrweise den Regelbereich vermeiden, weil er den Bremsweg auf trockener Fahrbahn spürbar verlängert. Vorne ist das System genügend sportlich eingestellt, sodass es recht spät eingreift. Im Gegenzug kann es passieren, dass sich zum Beispiel auf Schotter ganz kleine Vorderradblockierer einstellen, die aber so extrem kurz sind, dass sich keine Sturzgefahr ergibt.

2016 wird die äußere Erscheinung in allen Modellreihen angeglichen: auch GTS Super und Super Sport erhalten wie die GTS das Schild mit den drei charakteristischen Schlitzen der Hupe, und die klassische GTS bekommt jetzt auch die geschlitzte Seitenbacke. Die Farbpalette der GTS Super wird um ein »Hoffnungsgrün«(Esperanza) ergänzt, die der Super Sport um ein mattleuchtendes »Gelosia-Gelb«.

Erst auf den zweiten Blick sind die Neuheiten zu erkennen: die leicht V-förmig abgeknickten Stege im Hupgitter, das Cockpit mit mehr digitalen Informationen, neue Griffe mit verchromten Manschetten, ein chromgefasstes Rücklicht und der Vespa-schriftzug auf dem Mitteltunnel.

Der GTS Super bleibt auch mit der ESS-Vorderradführung die knallrote Feder erhalten. Unter der Schwinge ist gerade noch der Lochkranz des ABS-Systems zu erkennen.

Auch die beiden GTS Super auf dieser und der nächsten Seite kommen jetzt in den Genuss der drei V-förmigen Hupschlitze.

CABERG

Neue Motorengeneration in der kleinen Klasse

Die größte Neuerung allerdings erfährt die 125er Modellreihe: sie bekommt Ende des Jahres 2016 einen ganz neuen Motor mit i-get-Technik*, abgeleitet von den luftgekühlten Dreiventilmotoren aus Primavera und Sprint, hier natürlich standesgemäß mit vier Ventilen und Wasserkühlung (ZAPMA5301).

Abgeleitet bedeutet aber nicht einfach übernommen, sondern grundlegend überarbeitet: sämtliche Bauteile wurden mit dem Ziel, innere Reibung und Vibrationen zu reduzieren, optimiert, nämlich Kolben und Zylinder, Kurbel- und Nockenwelle, Ventile und Kipphebel sowie die gesamte Kraftübertragung von der Variomatik über einen neuentwickelten Riemen bis zur Kupplung und der Abdeckung, die außen geglättet und innen gedämmt wurde. Das Triebwerk bekommt eine – abschaltbare – Start-Stopp-Automatik. Steht der Roller – je nach Betriebszustand – einige Sekunden still, schaltet sich der Motor ab, um beim ersten Dreh am Gasgriff ganz unauffällig wieder anzuspringen. Möglich macht dies die neuentwickelte Lichtmaschine, die gleichzeitig die Funktion des Anlassers übernimmt und direkt auf die Kurbelwelle wirkt. Getauft wurde das patentierte System R.I.S.S., was für „Regulator-Inverter Start & Stop System“ steht.
Und hinter der i-get-Technik verbirgt sich ein Regelsystem, das in der kleinen Baureihe (Primavera, Sprint) bereits Standard ist: dem Steuergerät werden für die Kraftstoffbereitung zusätzliche Daten von Luftdruck und -beschaffenheit gemeldet.

Doch wer denkt, dieses Wunderwerk von Motor sei einfach so eingepflanzt worden, sieht sich getäuscht. Um unter allen Fahr- und Umweltbedingungen die optimale Betriebstemperatur schnell zu erreichen und dauerhaft zu gewährleisten, bekam die kleine GTS ein völlig neues Kühlsystem, bei dem alle Komponenten nahe beim Motor liegen und die langen Wege des bisherigen Kühlmittelkreislaufs entfallen. Die Wasserpumpe sitzt nicht mehr rechts unten, sondern links oben und wird auch nicht mehr von der Kurbelwelle, sondern von der Nockenwelle angetrieben. Statt bisher zwei fahrtwinddurchströmte Kühler hinter dem Beinschild gibt es nur noch einen einzigen rechts neben dem Motor. Der Luftzug wird von einem mächtigen Flügelrad erzeugt, das dort sitzt, wo sich einmal die Wasserpumpe befand. Dem Ganzen gibt Piaggio den Namen »Thermomanagement«. Neben dem direkteren Ansprechen auf der einen, bedeutet es auch eine ganz erhebliche Gewichtseinsparung auf der anderen Seite.
Im Unterschied zu dem kurzhubig ausgelegten alten Quasar-Motor fällt das neue Triebwerk bei 52mm Bohrung x 58,7mm Hub nicht ganz so drehfreudig und die Leistung mit 12,2PS (9,0kW) bei 8.250/min etwas geringer aus. Für das Fahrverhalten aber ist nicht die absolute Leistung, sondern die Art der Kraftentfaltung von Bedeutung: mit einem max. Drehmoment von 11,1Nm, das bereits bei 6.750/min anliegt, kommt die Kraft aus dem Drehzahlkeller und bleibt über ein sehr viel breiteres Band als bei dem Vorgänger auf einem hohen Niveau. Und eine Höchstgeschwindigkeit von 95km/h ist durchaus respektabel. Da erübrigt sich fast der Hinweis, dass der neue Antrieb die Abgasnorm EURO-4 erfüllt und sogar dem aktuellen 300er Motor überlegen ist, der erst 2017 der strengeren Norm angepasst wird.

Der neue i-Get-Motor mit 125cm³ Hubraum erfüllt die Euro 4-Norm und kommt in Deutschland Anfang 2017 auf den Markt, hier in einer GTS Super Sport mit mattgelber Lackierung und neuem Seitendekor. In Italien und für ausgesuchte Exportmärkte gibt es von ihm auch eine 150 cm³- Variante.

*) i-get: italian green experiance technology

Blick von hinten in den Motorraum der neuen GTS 125 i-get. Zentral im Blickfeld liegt der Drosselkörper mit der Steuereinheit. Vom Luftfilter in der linken unteren Bildecke wird die Luft durch den dicken schwarzen Schlauch zum Drosselkörper angesaugt. Weiter geht es vorne durch den Ansaugstutzen, in dem die Einspritzdüse sitzt. Von dem silberglänzenden Arm wird links die Benzinleitung gehalten. Der obere Ventildeckel ganz vorne – es gibt auch noch einen unteren – ist an den drei parallel verlaufenden Rillen zu erkennen.

Hinter der wabenförmigen Kunststoffabdeckung sitzt rechts am Motor der Kühler .

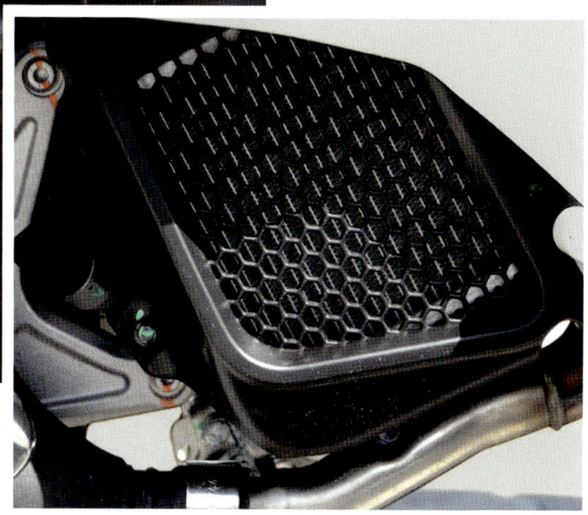

Seit 2016 besitzen auch die GTS Super und Super Sport Modelle die drei charakteristischen Schlitze der Hupe. Die der Super Sport sind rot unterlegt. Obwohl es sie inzwischen in mehreren auffälligen Farben gibt, bleibt Titansilber der Klassiker, und während die roten Applikationen der Super Sport vorbehalten sind, haben alle in die Blinker eingelassene Tag-LEDs.

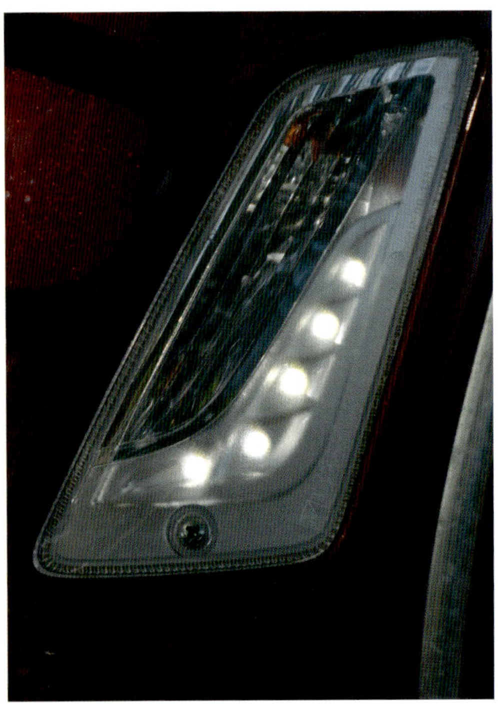

Für ein ganz neues und sportliches Outfit sorgen neben dem üblichen Zubehör mattschwarze Austauschteile im Carbonlook, die neu in das Programm aufgenommen wurden.

Ausgesprochen gut machen sich die Teile aus Carbonimitat an einer GTS Super Sport.

Ein beliebtes Originalzubehör ist die stabile, große Windschutzscheibe. Interessantes Detail am Rande: an die linke Halterung wurde eine weitere Halterung angebracht, auf die sich ein Smartphone stecken lässt, mit dem man über die neue VMP navigiert werden kann.

Die Referenz - Stolze Vespa GTS Super Sport in edlem Titansilbergrau

Unaufdringlich schön: GTS Super Sport mit Topcase
(das Behältnis fasst stolze 42 Liter).

Gekonntes Marketing

Auch die Designer und Marketingstrategen in Pontedera lassen sich laufend etwas einfallen, um das Interesse selbst dann hoch zu halten, wenn es nicht viel Neues gibt: Sondermodelle in Sonderlackierungen mit Sonderausstattungen zu gehobenen Sonderpreisen und für eine begrenzte Zeit. Auffallend gut gelungen ist das beim Jubiläumsmodell „Settantesimo“ zum 70-jährigen Jubiläum der Vespa 2016, das in Hellblaumetallic und Silbergrau erschienen ist und über einen Gepäckträger mit aufgeschnallter Tasche verfügt, in die die Jahreszahl „70“ eingeprägt ist. Die gibt es dann zusätzlich hochglanzpoliert auf dem Gepäckfachdeckel. Doch damit noch nicht genug: 2018 werden die Vespa GTS Yacht Club und die GTS Super Notte aufgelegt. Die Yacht Club ist weiß mit marineblauem Dekor, die Notte ganz in Mattschwarz mit ebensolchen Spiegeln und ohne verchromte oder andersfarbige Teile.

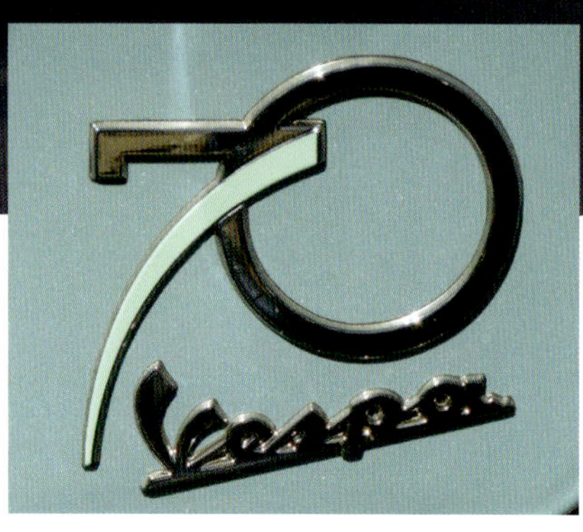

Piaggio hat anlässlich des 70-jährigen Jubiläums der Vespa 2016 in den Modellreihen PX, Primavera und GTS limitierte Sondermodelle in hellblauer oder silberner Metalliclackierung und verchromten Gepäckträgern nebst kleinem Windschild aufgelegt. Dieses bildschöne Fahrzeug wurde noch mit einem passenden Topcase aufgerüstet. Die Jubiläumszahl auf der Staufachklappe darf natürlich nicht fehlen.

In vollendeter Eleganz präsentiert sich die bildschöne GTS Yacht-Club. Von dem leuchtend weißen Maßanzug heben sich Kaskadenschild, Felgen, Sitzbezug, Bodenbelag und Dekostreifen im dunklen Marineblau stilvoll ab.

Jubiläumsmodell GTS 70th in voller Fahrt beim Raduno.

Letzter Vertreter 2018: Leuchtende GTS Touring in der Metallicfarbe Vignolarot, aufgerüstet mit einem gleichfarbigen Topcase. Erstmals gibt es in diesem Jahr auch das Modell Touring als 125er. Detail am Rande: Die Wartungsdeckel für die Bremsflüssigkeit am Lenker sind entfallen, geblieben ist eine Vorwölbung in der Lenkerverkleidung. Sieht schön aus, macht die Wartung aber schwieriger.

Sport und Szene

Wie kein anderes Zweirad verkörpert die GTS italienische Eleganz und Leichtigkeit und vermag doch herzhaft zuzupacken, wenn es darauf ankommt. Und nicht nur das: sie vereint zeitlos klassisches Design mit hochmoderner Technik und zeigt fortlaufend mit innovativen Lösungen den Weg in eine verträgliche motorisierte Zukunft auf. Nicht ohne Grund führt sie seit vielen Jahren die Neuzulassungen an Krafträdern an, in Italien wie in Deutschland und vielen anderen Ländern der Welt.

Natürlich dient die Vespa GTS der Fortbewegung, egal in welcher Ausführung. Aber sie ist mehr. Sie ist ein Lebensgefühl, das man nicht beschreiben kann, sondern erleben muss, um es zu verstehen. Und das man nur verstehen kann, wenn man dafür empfänglich ist. So verwundert es auch nicht, dass „GTS-ler" sich in Foren austauschen, an Stammtischen treffen und sogar an sportlichen Wettkämpfen teilnehmen. Der Vespa Club von Deutschland e.V. (VCVD) bietet auf seiner Homepage eine Übersicht über die verschiedenen Disziplinen vom Geschicklichkeitsturnier bis zur Sportmeisterschaft. Und in Italien jagen verwegene Piloten ihre hochgetunten Vespas jeden Sonntag in atemberaubender Schräglage um die Kurven, dass die Funken nur so sprühen.

IX. Facelift mit Feingefühl

Die Stilikone bleibt sich treu

Das Corporate Vespa Design

Hatte sich die bisherige Modellpflege optisch auf mehr oder minder auffällige Retuschen am Kunststoffschild mit der Hupe beschränkt, geht es 2019 zum ersten Mal seit 16 Jahren auch dem Blech zu Leibe: die GTS bekommt ein neues Gesicht mit einer vom Lenkkopf bis zum Radlauf hinab gezogenen Kaskade, jetzt »Cravatta« genannt, die die Schlitze der Hupe ganz unten hat und da mit einem eleganten Knick ins passend konturierte Beinschild übergeht. Damit ist im Sinne eines »Corporate Designs« eine Angleichung an alle aktuellen Vespa-Baureihen, nämlich Primavera, Sprint und 946, vollzogen. Das haben die Designer so gelungen hinbekommen, dass die Neue das alte Modell nicht wirklich alt aussehen lässt. Abgerundet wird die Auffrischung durch eine Chromeinfassung des Scheinwerfers, der endlich wie alle anderen Lichtquellen zeitgemäß mit LEDs bestückt ist. Sieht man ganz genau hin, kann man andere Spiegel mit einem Gehäuse aus verchromtem Kunststoff anstelle von Blech entdecken, und, ebenso kaum erkennbar, haben die Gitter der Ein- und Ausströmfenster für die Kühlluft ein Wabenmuster bekommen und die beiden Schlitze vorne in der Kunststoffschürze der Seitenbacken sind einem einzigen kleinen Fenster gewichen. Wie das alles ankommt, bringt die Onlineplattform 1000PS.de im Oktober des Jahres auf den Punkt: *Jeder Tag mit der GTS 300 beginnt grundsätzlich gut - optisch ist die GTS Familie einfach ein italienischer Traum.* Und zur *perfekten Verarbeitung: Auch bei genauem Betrachten findet sich kein Detail oder keine Schraube, die besser hätte gelöst werden können.*

Optisch verjüngt und technisch aufgerüstet wird die GTS zukunftsfest gemacht. Hier eine bildschöne »Touring« mit Gepäckträger und unaufdringlichen Chromapplikationen.

Aufgeräumt geht es im Motorraum zu. Beim neuen hpe-Motor (Fahrtrichtung nach links) fällt in der Mitte die längliche silberne Steuereinheit MIU – G4 ECU am Drosselkörper ins Auge.

Der Übermotor HPE

Allem voran aber steht das technologische Update: Highlight ist der neue 300er hpe-Motor*, eine Weiterentwicklung des bisherigen QUASAR-Triebwerks, bei der ganz oben im Lastenheft eine Reduktion der inneren Reibung, der Vibrationen und des Geräuschpegels stand: Zylinderkopf, Kolben und Variomatik wurden grundlegend überarbeitet, und der Antriebsstrang bekam eine gedämmte Abdeckung. Ergänzt wurden die Maßnahmen durch das Einspritzsystem MIU – G4 ECU, einem Bauteil der neuesten Generation. Das Ergebnis ist eine Leistungsausbeute von 17,5kW (24PS) bei 8.250/min und ein überragendes max. Drehmoment von sage und schreibe 26,0Nm, das bereits bei 5.250/min anliegt und über eine große Drehzahlspanne abrufbar ist. Fahrkomfort und Fahrleistungen erreichen bislang nicht gekannte Qualitäten und sind über jeden Zweifel erhaben, dabei liegt der Verbrauch sogar unter der alten Marke. Es ist nicht die Höchstgeschwindigkeit von 120km/h, es ist vielmehr die Art und Weise, wie es hier zur Sache geht. Geräuscharm

*) High-Performance-Engine

Mit einem neuen Gesicht, das durch die bis zum Radlauf heruntergezogene »Cravatta« (früher »Kaskade«) und einen markanten Knick im Beinschild den übrigen Modellreihen angeglichen wurde, ist die Vespa GTS für die Zukunft gerüstet. Dezenten Chromschmuck erhalten die eleganten Klassiker GTS und Touring.

und nahezu vibrationsfrei dreht die Maschine sprichwörtlich aus dem Keller hoch, und man hat das Gefühl, der Schub kennt keine Grenze (ZAPMA3600). Wie schon die 125er i-get-Maschine (ZAPMA3700) erfüllt der neue Antrieb die EURO-4-Norm.

Peter Schönlaub von motomobil.at schreibt nach seiner Testfahrt: *Der 300er kann nun einfach alles eine Spur besser, gefällt mit angenehm direkten Ansprechverhalten und einer linearen Leistungsentfaltung, die über den ganzen Bereich etwas mehr Druck besitzt. Auch der Sprint aus dem Stand (seit jeher eine Stärke der 300er-Vespa) geschieht nun noch druckvoller, sodass man bei nicht ganz gripstarkem Untergrund aufpassen muss, die Performance nicht durch die einsetzende Traktionskontrolle ASR abzustechen.* Und bescheinigt dem Motor, er sei … *sehr geschmeidig, laufruhig, leise und fast völlig frei von Vibrationen, quer über den gesamten Drehzahlbereich.* Eva Breutel vom MOTORRAD-Magazin pflichtet bei, dass sich die Entwicklungsarbeit *vor allem durch den verbesserten Antritt bemerkbar macht, sei es beim Ampelsprint im Stadtverkehr, sei es beim Kurvenswing auf der Landstraße* und lobt einmal mehr die *Makellose Sitzposition* und die Verlängerung der Wartungsintervalle von 5.000 auf 10.000km. Zwar bemängelt der ADAC, der Komfort mit 12"-Rädern sei begrenzt, kommt aber nicht umhin festzustellen, dass *sich die 300er nochmals ein ganzes Stück feiner fahren lässt: Vibrationen sind kaum mehr zu spüren, der Antritt ist spontaner, der Motor dreht leichter hoch.* Am besten müssen es schließlich die eidgenössischen Kollegen wissen, ist doch die Schweiz nicht gerade arm an kurvenreichen Gebirgsstraßen: *Der zuckersamt, ansatzlos und kräftig einsetzende Single macht blitzartiges Überholen von Schleichern, Kolonnen und andern Hindernissen bis 100 km/h zum Kinderspiel, die komfortabel aufrechte Sitzhaltung erlaubt beste Über- und Voraussicht. Die Bremsen und das ABS arbeiten okay, nur die altertümliche Vorderradschwinge stösst jetzt bei der GTS 300 angesichts ihrer möglichen Fahrleistungen – laut Tacho 130 km/h – an ihre Grenzen,* so MOTO.CH.

Sowohl der hpe- wie auch der i-get-Motor tun Dienst in allen Varianten der GTS, wobei zwei neue Ausführungen hinzukommen. Doch der Reihe nach: die GTS ohne Zusatz, der Klassiker schlechthin, gibt sich mit dezentem Chromschmuck unauffällig elegant wie gewohnt, die GTS Touring tut es ihr gleich, inzwischen bedauerlicherweise ihres vorderen Gepäckträgers entledigt, und im wesentlichen unverändert auch Super und Super Sport, beide mit der roten Feder, letztere mit weiteren roten Applikationen, wobei nach manchem Empfinden an den Hupschlitzen etwas zu dick aufgetragen wurde. Bleibt als echte Neuerung die GTS Super Tech (s. S. 144).

Auch bei den Serienfarben gibt es Neues: der mintgrüne Pastellton »Relax«* ziert neben Grau und Dunkelblau die Grundmodelle. Ein „Gelb Estate" kommt zu Schwarz, Weiß und Rot bei der GTS Super. Die Super Sport kann neben dem klassischen Titansilber in mattem „Vivace Blau" und in Hochglanzweiß geordert werden, und auch die Touring schlüpft in einen titansilbergrauen Anzug.

*) Die Farbe erinnert an das berühmte „Celeste" der legendären Fahrradmarke Bianchi, die zur selben Zeit wie Piaggio gegründet wurde und in den 80er Jahren sogar ein Teil Piaggios wurde, um später in der Cycleurope-Gruppe aufzugehen. Sie gereichte 1998 auch dem Ape-Sondermodell »50 anni Ape« zur Ehre.

Die Ein- und Ausströmfenster für die Kühlluft haben jetzt ein Gitter im Wabendesign.

In Chrom gefasst und ausschließlich LED-bestückt geben sich Scheinwerfer und Rücklicht.

Eine Chromeinfassung des Scheinwerfers und des Instrumentenboards werten das ganze Cockpit auf

Highlight der neuen Modellgeneration ist das HPE-Triebwerk, zu erkennen an dem dezenten »hp.e«-Schriftzug auf der Abdeckung des Antriebsstrangs.

Ein rotes »S« am schwarzen Felgenrand bekommen inzwischen alle Super Sport.

Edles mattglänzendes Titansilbermetallic ist seit der ersten Stunde das Erkennungszeichen der GTS Super Sport. Auch im zwölften Produktionsjahr ist sie als »Mattgrau Travolgente« in diesem Outfit zu haben, während das Schwestermodell seine Kleider von Mattschwarz zu Hochglanzorange, Mattgelb und jetzt Mattblau und Weiß gewechselt hat. Geblieben sind die roten Applikationen, nach dem Empfinden mancher inzwischen etwas zu dick aufgetragen.

Schwarz in Schwarz und nur Schwarz gibt sich die elegante GTS Super Notte.

Ein neues Sondermodell im Retro-Racing-Look

Das ist aber noch nicht alles: die Sondermodelle Yacht-Club und Notte überleben den Modellwechsel bis 2020 und werden von der betont sportlich auftretenden GTS Super Racing Sixties, die durch goldfarbene Felgen, mattschwarze Anbauteile und durchgehende Längsstreifen auffällt, abgelöst. Sie gibt es in den Grundfarben Weiß und Dunkelgrün

Preislich sind wir sowieso längst in der Neuzeit angekommen: ging es nach dem Facelift 2019 bei der GTS 125 i-get mit 5.400 € los, sind es 2022 bereits 5.800 € und bei der großen HPE jeweils gut 700 € mehr. Für die Super Sport 300 sind inzwischen sogar 6.800 € hinzublättern.

Dass der Kaufpreis kein Hindernis ist, sich eine GTS zuzulegen, beweisen die kontinuierlich ansteigenden Zulassungszahlen, die nach dem Facelift noch einmal einen regelrechten Satz nach oben gemacht haben. Waren es allein in Deutschland 2010 noch 1.633 GTS 300, die neu in den Verkehr gekommen sind, stieg diese Zahl Jahr um Jahr bis 2018 auf 5.722, um dann 2019 auf 6.996 anzusteigen und 2020 mit 7.367 den vorläufigen Spitzenwert zu erreichen. 2021 waren es 6.604 Einheiten. Noch krasser fällt der Sprung nach oben für die GTS 125 aus: von ihr wurden seit 2010 immer um 700-900 Exemplare im Jahr zugelassen, zuletzt 2019 771. Ein Jahr später aber, 2020, schnellte die Zahl auf 4.074 und 2021 auf sage und schreibe 5.409 hoch, mehr als das Sechsfache und damit weit über den Zwillingen Vespa Primavera 125 und Sprint 125 (zus. 4.531). Dabei konnten alle drei von der neuen Führerscheinregelung B196 profitieren, die dem Inhaber der PKW-Lizenz nach fünf Jahren erlaubt, mit einer einfachen Nachschulung Leichtkrafträder bis 125cm^3 und max. 11kW zu bewegen. Ein weiterer von mehreren Gründen liegt im Freizeitverhalten: bedingt durch die Covid 19-Pandemie waren größere Reisen lange Zeit nicht möglich und die Menschen haben ihren Freiheitsdrang auf zwei Rädern ausgelebt – wodurch im übrigen auch die Fahrrad- und besonders die E-Bike-Branche enorm gewonnen hat. Von nicht wenigen Zweiradhändlern ist zu hören, dass sie mehr verkaufen könnten als sie geliefert bekommen. Nichtsdestotrotz sieht Angelo Mazzone, Chef von Piaggio Deutschland, sein Unternehmen gut für die Zukunft gerüstet.

Schwarz und nur Schwarz gibt sich die GTS Super Notte, sogar das Hitzeschutzschild am Auspuff hat seinen Chromglanz verloren.

Racing
Sixties

Schön und schnell: GTS Super Racing Sixties mit rotem Hochgeschwindigkeitsstreifen auf weißem Grund – oder alternativ Gelb auf Grün.

Alle Super Racing Sixties erhalten goldfarbene Felgen.

Neben der Grundfarbe Weiß wird die Racing Sixties auch in Dunkelgrün geliefert.

Wie die »Notte« tritt auch die »Yacht-Club« nach dem Facelift im neuen Kleid noch einmal an.

Weinverkauf

GTS Super Tech – Hightech volldigital

Ganz neu aufgenommen in die GTS-Familie wurde die »Super Tech«, ausgestattet mit einem 4,3"-TFT-Farbdisplay genannt »Cockpit Vespa MIA«*, vom Hersteller als »Vespa Connectivity System« bezeichnet. Damit wird das Display zur Schnittstelle mit einem Smartphone. Via Bluetooth ermöglicht Vespa MIA die Kommunikation zwischen Fahrer, Fahrzeug und Umwelt. Man braucht nur noch die »Vespa-App« herunterladen und schon steht dem Eintritt in die digitale Hightechwelt nichts mehr im Weg (s.a. VMP S.121). Walter Wille von der FAZ fragt denn auch am 15.8.2019, ob das alles nur Schnickschnack sei?: *Nein, empfehlenswert, wie wir finden, allein schon deshalb, weil sich über die App der Kartendienst Here aktivieren lässt und das Vespa-Display unverzüglich Navi-Hinweise anzeigt: super Tech.*
Das findet auch Peter Schönlaub vom Motorradmagazin. at, der seinen Testbericht mit der Feststellung beginnt: *Sie verkörpert Italien wie Adriano Celentano...*

Dabei gibt sich die Super Tech in dezentem Schwarz oder Grau zurückhaltend, am Anfang in Hochglanz, ab 2021 dann matt. Sie hat natürlich auch eine Kennfarbe, nämlich Gelb. Gelb sind dann auch die Feder am Vorderrad, die als erstes auffällt, das »S« von »Super« am Typschriftzug und ein »T« vor der Hubraumklasse auf der Beinschildklappe und am Felgenrand**. Und wie bei allen anderen gibt es in der Super Tech die beiden Motoren mit 125cm³ und 300cm³ Hubraum. Ganz billig ist das Vergnügen nicht, 6.300 € bzw. 7.000 € sind hinzublättern.

*)»Cockpit Vespa MIA« wurde 2021 in »Cockpit Vespa APP« umgetauft.
**) ab Euro 5 auch mit gelbgefassten Hupschlitzen.

Gelb ist die Kennfarbe der GTS Super Tech. Wir finden sie an der Feder, an den Schildern und auf der Felge.

T300

Noch sind die Hupschlitze schwarz eingefasst. Ab dem Modelljahr 2021 werden auch sie gelb.

Volldigital ist das Cockpit und kommuniziert dank MIA über das Smartphone mit dem Eigner.

ASR

Ab dem Modelljahrgang 2021 (E5) erhalten die Farben der GTS Super Tech eine mattglänzende Oberfläche und die Hupschlitze gelbe Einfassungen. Das neue Felgendesign erinnert an das der ersten neuen Primaveras aus dem Jahr 2013.

Ein besonders edles Exemplar einer individuell mit Originalteilen aus dem Zubehörkasten gestalteten hellgrauen GTS Super Tech – alle verchromten und silbernen Teile glänzen pechschwarz – und nicht nur das, sogar der blaue Grund des P-Logos ist schwarz.

Startbereit für einen unbeschwerten Ausflug glänzt die klassische GTS im neuen Farbton Relax.

1946 – 2021
75 Jahre Vespa
Das Dreivierteljahrhundert-Ereignis

Kommen wir zum Jubiläumsjahr 2021. 1946 wurden die ersten Vespas ausgeliefert. 75 Jahre ist das her, ein Alter, in dem die meisten längst ihren Ruhestand genießen. Die GTS indes dreht erst so richtig auf und gibt sich zukunftsweisend: sowohl der 300er hpe- wie auch der 125er i-get-Motor werden der strengen EURO-5-Abgasnorm angepasst (ZAPMD3100, ZAPMD3200).

Doch Piaggio wäre nicht Piaggio, wenn da nicht noch etwas käme: natürlich präsentiert Pontedera wieder dem Ereignis geschuldete Sondermodelle: Primavera und GTS erhalten in allen Hubraumklassen neue Anzüge in der goldgelben Metallicfarbe »Giallo 75th« mit einer im dunkleren Ton »Pyritgelb« abgesetzten Lenkrohrverkleidung (Cravatta) und großflächigen Jubelzahlen »75« auf dem vorderen Kotflügel sowie den Seitenbacken, dazu passend eine Nubukledersitzbank in Rauchgrau. Auf einen verchromten Gepäckträger wurde eine kreisrunde tiefdunkel anthrazitfarbene Tasche geschnallt, die nicht ganz ungewollt einem Reserverad gleicht, wie es die alten und uralten Vespas einst trugen. Natürlich fehlt auch die obligatorische Jubiläumsplakette 1946-2021 mit geprägter »75« an der Staufachklappe nicht, und dass ganz selbstverständlich alle Anzeigen im digitalen Display erfolgen, ist dem Fortschritt von siebeneinhalb Jahrzehnten geschuldet.

Und irgendwie passt es auch, dass das 19-millionste Vespamodell, das in diesen Tagen vom Band rollt, ausgerechnet eine GTS 75th aus dem Stammhaus Pontedera sein soll. Das erklärt dann wohl auch, dass gleichzeitig in der GTS-Klasse ein neues Felgendesign Einzug hält, das anstelle der bewährten glatten und leicht nach außen gewölbten fünf Speichen solche bekommen hat, die ähnlich der ersten neuen Primavera-Generation leicht konkav profiliert sind.

Standesgemäß gibt sich das Jubiläumsmodell 75th Vespa in einer besonders schicken goldfarbenen Aufmachung und mit Bezügen in edlem Rauchgrau. Natürlich ist die »75« in dem etwas dunkleren Pyritgelb, das auch die »Cravatta« trägt, aus keiner Perspektive zu übersehen.

Golden angehaucht gibt sich das Jubiläumsmodell »75°«

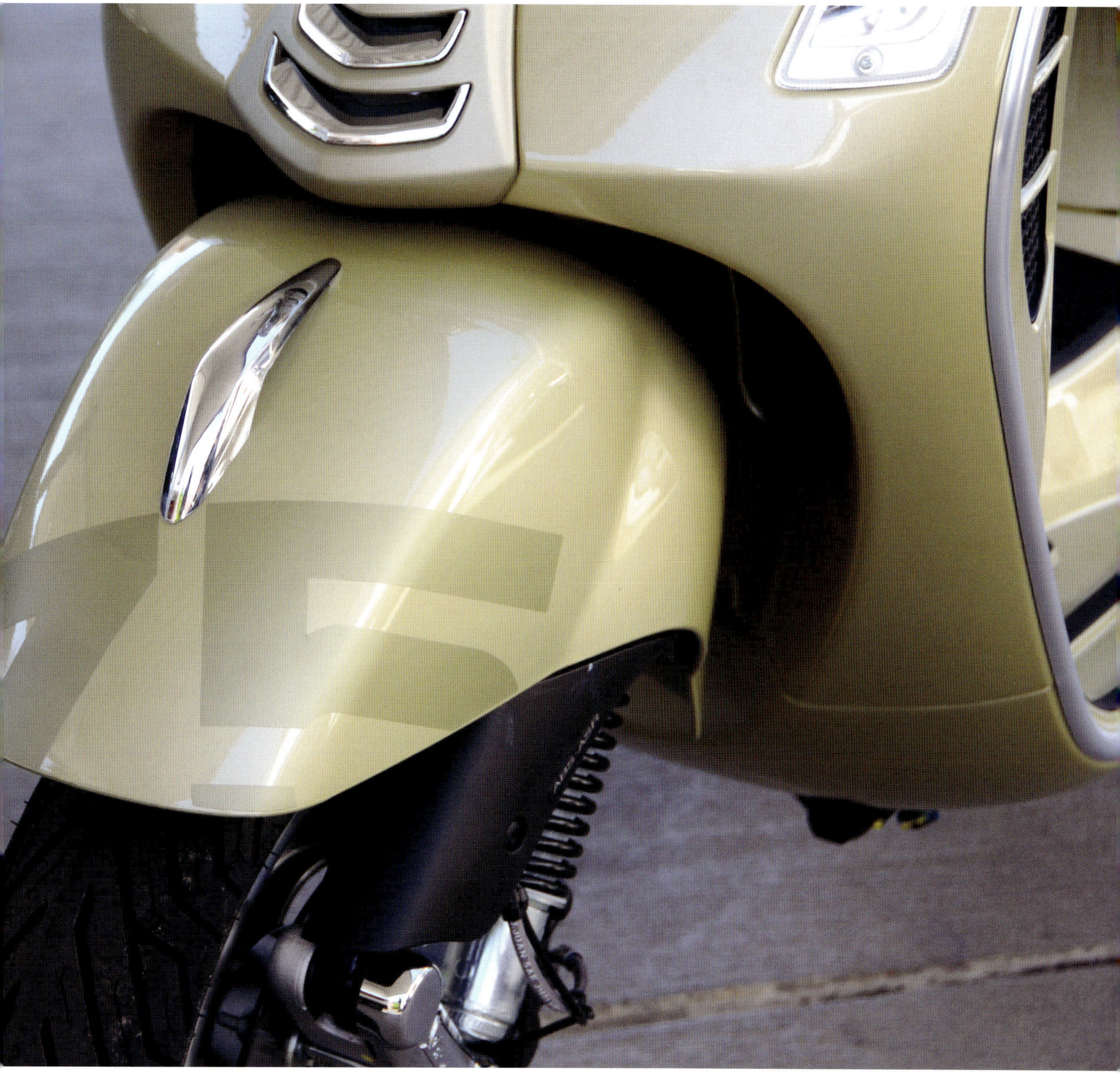

GTS

Natürlich darf die geprägte Plakette des Sondermodells auch hier nicht fehlen.

Was steckt drin? - ein Reserverad ist es nicht, das würde mit der voluminösen 12"-Bereifung nicht in die edelgraue Hülle passen – auch auf der Rückseite ist die Jubelzahl eingeprägt.

QUASAR 250i.e. EURO 3

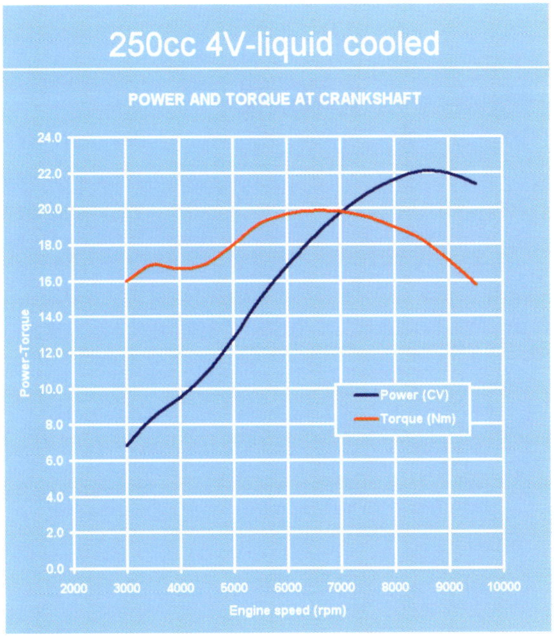

QUASAR 300i.e. EURO 3

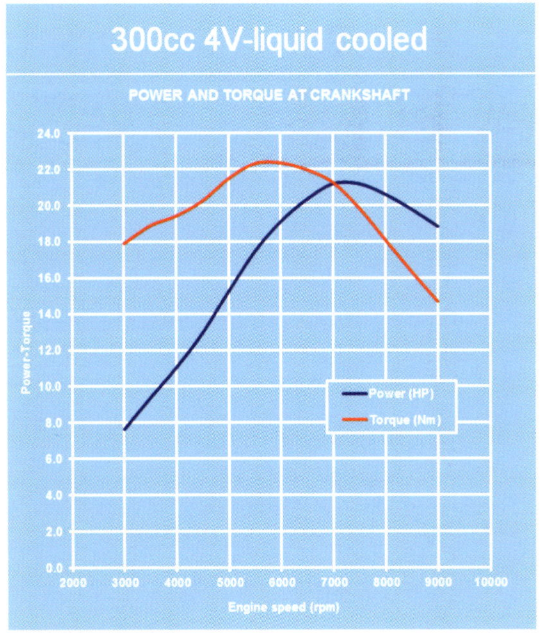

QUASAR 125i.e. EURO 3

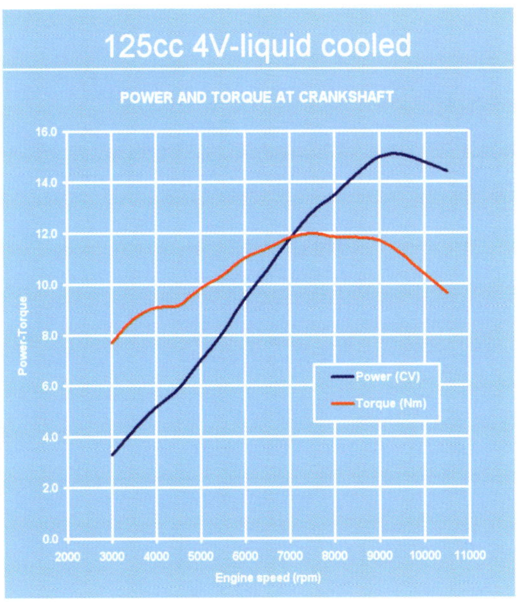

125 i-get EURO 4*

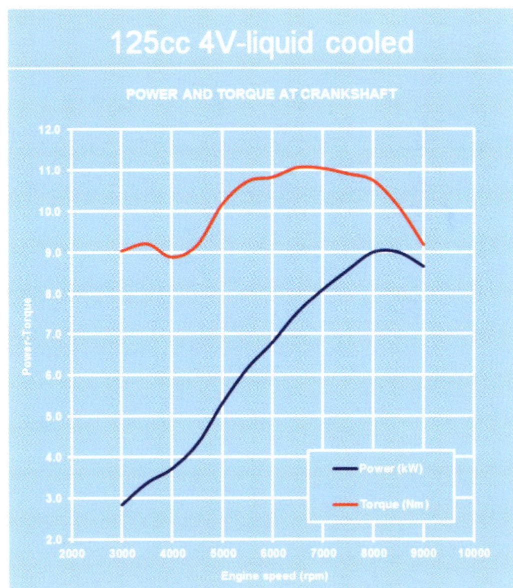

Maßgeblich für die Fahreigenschaften ist die Art der Kraftentfaltung, dargestellt durch den Drehmomentverlauf (Nm) mit der roten Kurve. Der Unterschied bei den beiden 125er Motoren (unten) ist deutlich zu erkennen: bei der i-get-Maschine (rechts) steht ein hohes Drehmoment früher und über einen größeren Drehzahlbereich zur Verfügung als bei dem Quasar-Motor (links), entscheidend für Anzug, Beschleunigung und Durchzug, was sich besonders bei hoher Belastung - wie der Besetzung mit zwei Personen - und in einem hügeligen und kurvenreichen Terrain bemerkbar macht. Im i-get-Diagramm liegt die rote Drehmomentkurve nur deshalb höher, weil die vertikale Skala hier in kW/Nm unterteilt ist und im QUASAR-Diagramm in PS/Nm (1 kW = 1,36PS).

*) Von dem i-get-Motor gibt es auch eine Variante mit 150cm³, die dem italienischen und einigen Exportmärkten vorbehalten ist. Sie bringt es auf 11kW/15PS bei 8.250/min und ein max. Drehmoment von 14,0Nm bei 6.500/min. Hintergrund ist eine Regelung, nach der Krafträder bis 150cm³ Hubraum italienische Autobahnen nicht benutzen dürfen. Mit Zylindermaßen von 58,0x58,7mm Bohrung x Hub und exakt 155,2cm³ Hubraum liegt dieser Motor über der Grenzmarke.

Vespa GTS 125, GTS 125i.e., GTS 125i-get (incl. Super, Super Sport, Touring, Super Tech) - Technische Daten

Modell/Typ	GTS 125	GTS 125i.e. Super und Super Sport	GTS 125i.e. Super u. Super Sport ABS	GTS 125 i-get Super u. Super Sport ABS	GTS 125 i-get Super alle	GTS 125 i-get Super alle
Baujahr	2006 - 2008	2009 (2010) -2016	2014 - 2016	2016 - 2019	2019 - 2020	2021 -
Rahmen-Präfix	ZAPM31300	ZAPM45300	ZAPM45301	ZAPMA5301	ZAPMA3700	ZAPMD3200
Motor	1-Zyl.-4T/4V LEADER*	1-Zyl.-4T/4V QUASAR*	1-Zyl.-4T/4V QUASAR*	1-Zyl.-4T/4V i-get*	1-Zyl.-4T/4V i-get*	1-Zyl.-4T/4V i-get*
Hubraum	124,0cm³	124,0cm³	124,0cm³	124,7cm³	124,7cm³	124,7cm³
Bohrung x Hub	57,0 x 48,6mm	57,0 x 48,6mm	57,0 x 48,6mm	52,0 x 58,7mm	52,0 x 58,7mm	52,0 x 58,7mm
Leistung	10,5kW/14,3PS/ 9500/min	11,0kW/15,0PS/ 9750/min	11,0kW/15,0PS/ 9750/min	9,0kW/12,2PS/ 8250/min	9,0kW/12,2PS/ 8250/min	10,3kW/14,0PS/ 8750/min
Drehmoment	12,0 Nm/ 8000/min	12,0 Nm/ 7500/min	12,0 Nm/ 7500/min	11,1 Nm/ 6750/min	11,1 Nm/ 6750/min	11,0 Nm/ 6750/min
Gemischversg.	Vergaser	elektron. Injektion	elektron. Injektion	sensor. Injektion	sensor. Injektion	sensor. Injektion
Kraftübertragg.	Automatik CVT**	Automatik CVT**	Automatik CVT**	Automatik CVT**	Automatik CVT**	Automatik CVT**
Abgassystem	Abgaskat./SAS***	ger. 3-Wege-Kat.	ger. 3-Wege-Kat.	ger. 3-Wege-Kat.	ger. 3-Wege-Kat.	ger. 3-Wege-Kat.
Abmess. L/B/H	1940/755/ 1180mm	1930/755/ 1170mm	1930/755/ 1170mm	1950/755/ 1380mm	1950/755/ 1380mm	1950/755/ 1380mm
Leergewicht	154kg	158kg	158kg	147kg	147kg	147kg
Zul. Ges. Gew.	340kg	340kg	340kg	340kg	340kg	340kg
Bremsen vo./hi.	Scheiben je 220mm	Scheiben je 220mm	Scheiben je 220mm	Scheiben je 220mm	Scheiben je 220mm	Scheiben je 220mm
Reifen vo./hi.	120/70-12/ 130/70-12	120/70-12/ 130/70-12	120/70-12/ 130/70-12	120/70-12/ 130/70-12	120/70-12/ 130/70-12	120/70-12/ 130/70-12
Tankinhalt	9,5 Liter	9,5 Liter	8,5 Liter	7,0 Liter	7,0 Liter	7,0 Liter
Verbr./100km	ca. 3,2 Liter	ca. 3,0 Liter	ca. 3,0 Liter	ca. 2,5 Liter	ca. 2,4 Liter	ca. 2,4 Liter
Höchstgeschw.	101 km/h	103 km/h	103 km/h	95 km/h	95 km/h	98 km/h
Schadstoffnorm	EURO 3	EURO 3	EURO 3	EURO 4	EURO 4	EURO 5

*) LEADER = Low Emission ADvanced Engine Range

*) QUA.S.A.R. = Quarter Liter Smooth Augmented Range

*) i-get = italian green experiance technology (Einspritzsteuerung durch barometrischen Sensor)

**) CVT = Continuously Variable Transmission = stufenloses Getriebe

***) SAS = Sekundärluftsystem, optimiert Katfunktion durch Nachverbrennung im Abgassystem

Vespa GTS 250i.e., GTS 300i.e., GTS 300 hp.e (incl. Super, Super Sport, Touring, Super Tech) - Technische Daten

Modell/Typ	GTS 250i.e.	GTS 300i.e., Super und Super Sport	GTS 300i.e., Super u. Super Sport ABS	GTS 300, Super u. Super Sport ABS	GTS 300 hp.e, Super Sup.Sport/ Sup.Tech ABS	GTS 300 hp.e, Super Sup.Sport/ Sup.Tech ABS
Baujahr	2005 - 2012	2008 - 2016	2014 - 2016	2016 - 2019	2019 - 2020	2021 -
Rahmen-Präfix	ZAPM45100	ZAPM45200	ZAPM45202	ZAPMA3300	ZAPMA3600	ZAPMD3100
Motor	1-Zyl.-4T/4V QUASAR*	1-Zyl.-4T/4V QUASAR*	1-Zyl.-4T/4V QUASAR*	1-Zyl.-4T/4V QUASAR*	1-Zyl.-4T/4V HPE**	1-Zyl.-4T/4V HPE**
Hubraum	244,0cm³	278,3cm³	278,3cm³	278,3cm³	278,3cm³	278,3cm³
Bohrung x Hub	72,0 x 60,0mm	75,0 x 63,0mm	75,0 x 63,0mm	75,0 x 63,0mm	75,0 x 63,0mm	75,0 x 63,0mm
Leistung	15,7kW/21,3PS/ 8500/min	15,8kW/21,5PS/ 7500/min	15,8kW/21,5PS/ 7500/min	15,6kW/21,2PS/ 7750/min	17,5kW/23,8PS/ 8250/min	17,5kW/23,8PS/ 8250/min
Drehmoment	20,1 Nm/ 6500/min	22,3 Nm/ 5000/min	22,3 Nm/ 5000/min	22,0 Nm/ 5000/min	26,0 Nm/ 5250/min	26,0 Nm/ 5250/min
Gemischversg.	elektron. Injektion	elektron. Injektion	elektron. Injektion	elektron. Injektion	elektron. Injektion	elektron. Injektion
Kraftübertragg.	Automatik CVT***	Automatik CVT***	Automatik CVT***	Automatik CVT***	Automatik CVT***	Automatik CVT***
Abgassystem	ger. 3-Wege-Kat.	ger. 3-Wege-Kat.	ger. 3-Wege-Kat.	ger. 3-Wege-Kat.	ger. 3-Wege-Kat.	ger. 3-Wege-Kat.
Abmess. L/B/H	1940/755/ 1370mm	1930/755/ 1170mm	1930/755/ 1170mm	1950/755/ 1375mm	1950/755/ 1170mm	1950/755/ 1170mm
Leergewicht	158kg	158kg	158kg	158kg	160kg	160kg
Zul. Ges. Gew.	340kg	340kg	340kg	340kg	340kg	340kg
Bremsen vo./hi.	Scheiben je 220mm	Scheiben je 220mm	Scheiben je 220mm	Scheiben je 220mm	Scheiben je 220mm	Scheiben je 220mm
Reifen vo./hi.	120/70-12/ 130/70-12	120/70-12/ 130/70-12	120/70-12/ 130/70-12	120/70-12/ 130/70-12	120/70-12/ 130/70-12	120/70-12/ 130/70-12
Tankinhalt	9,5 Liter	9,5 Liter	9,5 Liter	8,5 Liter	8,5 Liter	8,5 Liter
Verbr./100km	ca. 3,6 Liter	ca. 3,7 Liter	ca. 3,7 Liter	ca. 3,6 Liter	ca. 3,4 Liter	ca. 3,2 Liter
Höchstgeschw.	118 km/h	120 km/h	120 km/h	118 km/h	120 km/h	120 km/h
Schadstoffnorm	EURO 3	EURO 3	EURO 3	EURO 4	EURO 4	EURO 5

*) QUA.S.A.R. = Quarter Liter Smooth Augmented Range

**) HPE (hp.e) = High Performance Engine

***) CVT = Continuously Variable Transmission = stufenloses Getriebe

X. Ein Hauch Nostalgie – Vespa GTV

Highendtechnik im Retrolook

2006. Vor 60 Jahren hat die Vespa in Pontedera das Licht der Welt erblickt. Aus diesem Anlass wurden zwei Jubiläumsmodelle im nostalgischen Retrolook aufgelegt, nämlich in der kleinen Baureihe auf Basis der Vespa LX eine LXV60 und abgeleitet von der GTS in der großen Baureihe eine Vespa GT60° (ZAPM45102), durchnummeriert und auf 999 Exemplare limitiert, die es im Unterschied zur LXV60 tatsächlich zu kaufen gab, davon 180 in Deutschland. Man hat ihr als Reminiszenz an die Urvespa einen voluminösen Scheinwerfer auf den Kotflügel gesetzt und einen unverkleideten verchromten Rohrlenker mit einem zentralen Rundinstrument verpasst. Dazu schlägt unter den echtledernen Einzelsitzen das Herz der neuen GTS 250i.e.. Eine Aluplakette mit der Produktionsnummer auf dem vornehmen grauen Lack und eine persönliche Urkunde, handsigniert von Chefdesigner Marco Lamberi, weisen das edle Stück als individuelles Unikat aus.

NOLAN
LS2

NUOVA Vespa GT60°
CELEBRATELA
60
1946–2006
Vespa
Vespa consiglia
Agip

Das Jubiläumsmodell GTV 60° besticht durch eine besonders edle Ausstattung mit viel Chrom im Retrolook. Dazu gehört ein unverkleideter Rohrlenker mit einem Kombitacho, wo sonst der Scheinwerfer sitzt. Der ist auf den vorderen Kotflügel gewandert, dorthin, wo er schon bei der Urvespa gesessen hatte. Die Sonderserie ist auf 999 Exemplare limitiert, von denen jedes einzelne über ein individuelles Aluschildchen verfügt.

GT60

Vespa
GT60
Limited Edition
n° 27 / 999
V.H.F.
PIAGGIO & C. SPA - Made in Italy

Die unerwartet positive Resonanz auf das nostalgische Outfit hat die Unternehmensleitung bewogen, dauerhaft in diesem Kleid eine sog. Vintagelinie aufzulegen. Zwar fallen dem Rotstift die vollverchromten Felgen zum Opfer, sonst aber müssen die GTV125 (ZAPM31301) und die GTV250 (ZAPM45102) nur auf das begehrte Aluschildchen der Sonderserie verzichten. Tausend Euro Aufpreis verlangt Piaggio für das Nostalgieflair gegenüber den identisch motorisierten GTS-Modellen, knapp 5.000 € für die 125er, 600 € mehr für die Große.

Wieder eine kleine Aluplakette bekommen dann aber limitierte Edelversionen der GTV mit dem 300er Motor (ZAPM45201), zuerst 2010 in hochglänzendem Schwarz mit viel Chrom für glatte 6.000 € als »Via Montenapoleone«, und 2011 in tiefrotem »Chianti« oder 2012 in »Etnabraun« als »Vie della Moda«. 2014 wird die GTV aus dem Programm genommen.

Die GTV käme nicht von Piaggio, wenn nicht auch ein reichliches Sortiment an Zubehör zur Aufrüstung ab Werk angeboten würde. Und als ultimativen Hingucker präsentierte Piaggio auf der Zweiradmesse EICMA in Mailand 2008 ein wunderschönes GTV-Gespann mit einem hauseigenen Beiwagen, beide in leuchtendem Eisblaumetallic, beigefarbigen Echtlederbezügen und viel Chrom gehalten – leider nicht zu kaufen.

Die GTV der laufenden Serie musste nur Abstriche bei den verchromten Felgen hinnehmen. Sonst entspricht sie der GT60°.

Als Tribut an den Windkanal bekam der Scheinwerfer eine schräggestellte Scheibe.

Betörend schön gibt sich das 2010 aufgelegte Sondermodell »GTV Via Montenapoleone«, benannt nach dem Mailänder Prachtboulevard mit seinen edlen Geschäften. Genauso erlesen ist die Ausstattung des Rollers, der nicht nur wie die GTV60° verchromte Felgen hat, sondern von seinem Besitzer mit ebenso verchromten Stoß- und Sturzbügeln und einem Topcase aufgerüstet wurde. Abgelöst wurde sie ein Jahr später von der nicht minder vornehmen »Vie della Moda«. Beide haben das obligatorische Aluschildchen der limitierten Sonderserie und werden von dem neuen 300cm³ Motor angetrieben.

SERIE SPECIALE
VIA
MONTE
NAPOLEONE
Vespa
Made in Italy

SERIE SPECIALE
VIE
DELLA MODA
Vespa
Made in Italy

GTS 300 Sei Giorni

2017, drei Jahre nachdem sie eingestellt wurde, feiert die GTV Wiederauferstehung als »GTS 300 Sei Giorni« (ZAPMA3302). Konstruktiv entspricht sie der GTS 300 i.e. Super und Super Sport ABS desselben Jahrgangs (S.126ff) und wird von dem Quasar-Motor nach Euro-4 angetrieben. Als Hommage auf die legendäre Rennmaschine aus den 50er Jahren, mit der die damaligen Piloten der Werksmannschaft von Piaggio Siege in Serie eingefahren haben, bekommt sie die mattgrüne Lackierung und wie diese eine große Startnummer »6« auf ovalem Grund aufgemalt. Mit 6.500 € steht das edle Stück in der Preisliste.

Aufgefrischt nach dem großen Facelift setzt sie als »Sei Giorni II Edition« ihre Karriere mit dem neuen HPE-Motor und allen sonstigen Segnungen des Modelljahrgangs 2019 fort. Ausgenommen bleibt nur der Scheinwerfer – er behält die Halogenlampe und muss auf LEDs noch warten (ZAPMA3602).

Und natürlich erfolgt 2021 wie bei allen anderen Modellen auch die Anpassung des Abgasverhaltens an die Euro-5-Norm (ZAPMD3102).

Pate für die neue »Sei Giorni« stand die legendäre gleichnamige Rennmaschine aus den frühen Fünfzigerjahren des letzten Jahrhunderts. Sie wurde nicht nur in der gleichen Farbe lackiert, sondern bekam wie diese auch eine dicke ovale Startnummer aufgemalt – natürlich mit einer »Sechs«, auf italienisch »Sei«. Das Design entspricht ganz der alten GTV, nur modifiziert mit neuem Kaskadenschild.

Die »Sei Giorni« ist auf 5000 Exemplare limitiert, von denen jedes einzelne ein individuelles kleines Aluschildchen mit der Produktionsnummer auf der Staufachklappe bekommt.

Den roten Schriftzug »Sei Giorni« findet man nicht nur auf der Seitenbacke, sondern auch am Felgenrand.

Als »Sei Giorni II Edition« schlüpft die Sei Giorni 2019 in den Anzug des neuen Modelljahrgangs und behält das GTV-Gesicht. Für Vortrieb sorgt der neue HPE-Motor. Wie schon die erste Serie ist auch die zweite limitiert und individuell gekennzeichnet.

Vespa GT 60°/GTV 125/GTV 250i.e./GTV 300i.e./GTS Sei Giorni 300/ GTS Sei Giorni II Edition - Technische Daten

Modell/Typ	GT 60°	GTV 125	GTV 250i.e.	GTV 300i.e.	GTS Sei Giorni 300	GTS Sei Giorni II Edition
Baujahr	2006	2006 - 2008	2006 - 2010	2010 - 2014	2017 - 2018	2019 - 2020 2021 (E5)
Rahmen-Präfix	ZAPM45102	ZAPM31301	ZAPM45102	ZAPM45201	ZAPMA3302	ZAPMA3602 (E4) ZAPMD3102 (E5)
Motor	1-Zyl.-4T/4V QUASAR*	1-Zyl.-4T/4V LEADER**	1-Zyl.-4T/4V QUASAR*	1-Zyl.-4T/4V QUASAR*	1-Zyl.-4T/4V QUASAR*	1-Zyl.-4T/4V HPE***
Hubraum	244,0cm³	124,0cm³	244,0cm³	278,3cm³	278,3cm³	278,3cm³
Bohrung x Hub	72,0 x 60,0mm	57,0 x 48,6mm	72,0 x 60,0mm	75,0 x 63,0mm	75,0 x 63,0mm	75,0 x 63,0mm
Leistung	15,7kW 21,3PS/8500/min	10,5kW 14,3PS/9500/min	15,7kW 21,3PS/8500/min	15,8kW 21,5PS/7500/min	15,6kW 21,2PS/7750/min	17,5kW/23,8PS/ 8250/min
Drehmoment	20,1Nm bei 6500/min	12,0 Nm 8.000/min	20,1Nm bei 6500/min	22,3 Nm 5000/min	22,0 Nm 5000/min	26,0 Nm 5250/min
Gemischversg.	elektron. Injektion	Vergaser	elektron. Injektion	elektron. Injektion	elektron. Injektion	elektron. Injektion
Kraftübertragg.	Automatik CVT****	Automatik CVT****	Automatik CVT****	Automatik CVT****	Automatik CVT****	Automatik CVT****
Abgassystem	ger. 3-Wege-Kat.	Abgaskat.*SAS	ger. 3-Wege-Kat.	ger. 3-Wege-Kat.	ger. 3-Wege-Kat.	ger. 3-Wege-Kat.
Abmess. L/B/H	1940/770 1370mm	1940/770 1170mm	1940/770 1370mm	1933/755 1170mm	1950/770 1375mm	1950/770 1185mm
Leergewicht	158kg	148kg	154kg	154kg	158kg	160kg
Zul. Ges. Gew.	340kg	340kg	340kg	340kg	340kg	340kg
Bremsen vo./hi.	Scheiben je 220mm	Scheiben je 220mm	Scheiben je 220mm	Scheiben je 220mm	Scheiben je 220mm	Scheiben je 220mm
Reifen vo./hi.	120/70-12 130/70-12	120/70-12 130/70-12	120/70-12 130/70-12	120/70-12 130/70-12	120/70-12 130/70-12	120/70-12 130/70-12
Tankinhalt	9,5 Liter	10,0 Liter	9,5 Liter	9,5 Liter	8,5 Liter	8,5 Liter
Verbr./100km	ca. 3,6 Liter	ca. 3,2 Liter	ca. 3,6 Liter	ca. 3,7 Liter	ca. 3,6 Liter	ca. 3,4l (E4) ca. 3,2l (E5)
Höchstgeschw.	118 km/h	101 km/h	118 km/h	120 km/h	118 km/h	120 km/h
Schadstoffnorm	EURO 3	EURO 3	EURO 3	EURO 3	EURO 4	EURO 4/5

*) QUA.S.A.R. = Quarter Liter Smooth Augmented Range

**) LEADER = Low Emission ADvanced Engine Range

***) HPE (hp.e) = High Performance Engine

****) CVT = Continuously Variable Transmission = stufenloses Getriebe

*SAS) = Sekundärluftsystem mit Nachverbrennung im Abgastrakt

XI. Fazit und Ausblick

Nachhaltig und zukunftsfest

Eine große Vespa, eine Granturismo in all ihren Variationen, ist – jede für sich – ein ganz wunderbares Fahrzeug, ein Klassiker ab Werk – und kann einem als solcher viele Jahre viel Freude bereiten. Also alles eitel Sonnenschein? - Nicht ganz. Das Vergnügen gibt es nicht zum Nulltarif. Regelmäßige Wartungsarbeiten sind natürlich Voraussetzung für die Betriebsbereitschaft und eine störungsfreie Funktion. Dass die bisweilen recht ordentlich ins Geld gehen können, sollte jedem klar sein, der sich seinen Traum von so einer Granturismo erfüllt. Es sind aber leider auch einige nicht unerhebliche Probleme bekannt geworden, die nicht auf unterlassene Pflege oder fehlerhafte Bedienung zurückzuführen sind.

Gehören das viel zu flache Helmfach oder permanent überspritzender Treibstoff beim Tanken noch zu den kleineren Ärgernissen, sieht es beim Dauerthema Korrosion schon anders aus. Es ist kein Geheimnis, dass bei Grundierung und Lackierung der Metallkarosserie noch Luft nach oben ist. Geplagte Foristen lassen auf den einschlägigen Seiten ihrem Unmut freien Lauf und berichten von »Rost ab Werk«. Und das trifft leider tatsächlich zu. Betroffen sind insbesondere die Blechfalzen und Kanten, an denen die braune Pest blüht. Dies geschieht oft im Verborgenen und

Kein Sachmangel: diese GTS in Limegelb wurde einst ordnungsgemäß mit zwei Rückspiegeln ausgeliefert – beobachtet in Cattolica/Italien

tritt erst mit Verzögerung zu Tage, wenn der Schaden nach außen durchbricht und die Garantie längst abgelaufen ist. Deshalb kann jedem Besitzer nur geraten werden, von vornherein eine professionelle Rostschutzbehandlung durchzuführen, und zwar, indem die Kunststoffverkleidungen an Beinschild und Boden entfernt und unter Sicht gearbeitet wird. Besondere Aufmerksamkeit ist auch der Bodenplatte zu schenken, weil durch das relativ kurz ausgefallene vordere Schutzblech Splitt, Scherben und andere aufgeschleuderte Partikel leicht die Lackschicht zerstören können und so Korrosion der Weg gebahnt wird. Hier empfiehlt sich ein Dauerunterbodenschutz. Und schließlich muss der Auspuff erwähnt werden, der oft schon nach wenigen Monaten großflächig von Rost befallen ist. Obwohl die frühen Modelle stärker betroffen waren, ist es Piaggio bis heute nicht gelungen, das Problem dauerhaft und anhaltend in den Griff zu bekommen.

Ein weiteres Thema ist der mechanische Tacho, der bisweilen erheblich voreilt, und eine zitternde Nadel, meistens bedingt durch die Tachowelle. Zittern können gelegentlich auch die Hände durch Vibrationen des Lenkers, die sich bei höherer Geschwindigkeit verlieren und ihre Ursache in Unwuchten haben, die konstrukti-

Zwanzig Jahre Granturismo: eine hellgrüne GT der ersten Serie 2003 neben einem dunkelgrünen Modell der letzten Serie seit 2019.

onsbedingt durch die kurze Schwinge und kleinen Räder deutlicher zutage treten als bei einem konventionellen Motorrad. Hier konnte durch Feinarbeit in der Abstimmung einiges verbessert werden, ebenso beim Kraftaufwand für das Aufbocken und die Bremshebelbedienung.

Inzwischen ausgemerzt ist das Problem hitzegeschädigter Benzinpumpen. Hitzegeschädigt deswegen, weil der Ausfall der Pumpe zuerst nur bei heißem Motor und hohen Außentemperaturen aufgetreten ist. Sobald das Fahrzeug abgekühlt und der kühle Abend hereingebrochen war, funktionierte die Pumpe wieder – bis sie irgendwann ganz den Geist aufgegeben hat.

Klagen gab es nach der anfänglichen Euphorie auch über den neuen HPE-Motor, bei dem es zu einem unrunden Lauf, Ruckeln und schlechter Gasannahme aufgrund von Undichtigkeiten der MIU 4 – Einheit kommen konnte, was Piaggio sogar einen Rückruf wert war.

In seinem Abschlussbericht vom Dauertest einer brandneuen GTS 250i.e. listet MOTORRAD-Redakteur Norbert Kappes 2008 unter dem Titel »Vespa: Mädchen für Alles« neben zwei defekten Tachowellen und Rost am

Die Vespa Elettrica gibt es seit 2018 und nur in Silbermetallic. Man kann sie als Moped bis 45km/h oder als Leichtkraftrad bis 70km/h ordern. Den Unterschied macht die Software.

Auspuff auch ein defektes Radlager, defekte Ständer und – eher unüblich – ein undichtes Auslassventil aufgrund einer konisch erweiterten Ventilführung auf, außerhalb der Garantie ein recht teures Vergnügen. Während diese Mängel innerhalb der Testphase mit 25.000km in nur 18 Monaten aufgetreten sind, hat Uwe Bödicker, Chef des Vespa Clubs von Deutschland e.V., mit seiner GTS 250, Bj. 2006, inzwischen mehr als 100.000km auf dem Zähler und außer einem Zylindertausch 2017 nichts zu beanstanden – regelmäßige Wartung vorausgesetzt.

Allzu kleinlich sollte man sowieso nicht sein, immerhin fährt man einen fabrikneuen Oldtimer mit einem Kultfaktor, der konkurrenzlos ist, und wie man ihn sonst nirgends zu kaufen bekommt. Obendrein erhält man gratis eine Portion südländischen Flairs mitgeliefert. Und dazu gehört nun auch eine gewisse und durchaus liebenswerte Nachlässigkeit. Wer das weiß und die Tipps zu Konservierung, Pflege und Wartung beherzigt, genießt das unvergleichliche Lebensgefühl der Vespa, wie es kein anderer Roller bieten kann. Und wer dafür nicht empfänglich ist, sollte sich gleich einem anderen Fahrzeug zuwenden.

Bleibt die Frage, wie es weiter geht. Eine GTS ist heute so ausgereift wie nie eine Vespa zuvor. Das Fahrwerk wurde auf Sicherheit getrimmt und die Motoren wurden gezähmt; sie sind sparsam, geräusch- und schadstoffarm. Meilensteine an technischen Verbesserungen sind bei dem gegebenen Fahrzeugkonzept kaum noch zu realisieren. Stellt sich also die Frage nach einem anderen Konzept.

Morgen elektrisch mit der GTS unterwegs?

Klimawandel, Energiewende, Verkehrswende – Schlagworte, die die Medien beherrschen. In der Tat, es steht nicht gut um das Klima. Sog. Treibhausgase sind maßgeblich verantwortlich, allen voran Kohlendioxid, CO_2, das auch durch die Verbrennung fossiler Energieträger wie Benzin im Verbrennungsmotor entsteht. Ihn zu verteufeln gilt in manchen Kreisen, befeuert durch Interessengruppen, sogar als schick. Dabei wird gerne übersehen, dass der gesamte Straßenverkehr mit gerade 18% am CO_2-Aufkommen beteiligt ist, und dass der Anteil aller 4,5 Millionen in Deutschland zugelassener Motorräder und Motorroller zusammen nur 0,14% beträgt – und das bei einem deutschen Gesamtanteil von 1,93% im letzten Vor-Pandemie-Jahr 2019 an den weltweiten CO_2-Emissionen (Quelle: Eurostat).

Um Missverständnissen vorzubeugen: hier soll nichts schöngerechnet werden, es geht allein darum, die Relation aufzuzeigen. Und es kann kein Zweifel daran bestehen, dass jeder einzelne mit seinem ganz persönlichen Verhalten in der Verantwortung steht. Die sehr einseitige Festlegung auf eine Verkehrswende mit batterieelektrisch betriebenen Fahrzeugen darf allerdings hinterfragt werden. Deren Energiebilanz ist bei weitem nicht so blütenrein, wie gerne behauptet. Richtig ist, dass sie während ihres Betriebs kein CO_2 ausstoßen. Angefangen aber bei der Förderung der Rohstoffe über die Herstellung der Komponenten - und hier ganz besonders der Batterien - bis zur Produktion der Fahrzeuge fallen sehr wohl große Mengen CO_2 an. Und der Strom für den Betrieb stammt noch immer aus überwiegend nicht erneuerbaren Quellen. Dennoch kann ein elektrisch betriebenes Fahrzeug eine sehr sinnvolle Alternative sein, man denke nur an Innenstädte mit hohem Verkehrsaufkommen und schlechter Durchlüftung wegen einer ungünstigen topografischen Lage. Piaggio hat darauf mit der Vespa elettrica schon 2018 eine passende Antwort gegeben. In der Karosserie der Primavera tut ein 48V-Motor mit einer Leistung von 3,5kW (45km/h) bzw. 3,6kW (70km/h) Dienst. Die unterschiedlichen Fahrleistungen sind softwarebedingt. Bei einer Kapazität von 86,4Ah ermöglicht die Lithium-Ionen-Batterie eine Fahrstrecke von rd. 100km. Ob das auf Dauer die Zukunft sein wird, und ob es jemals eine elektrisch oder wie auch immer alternativ betriebene Vespa GTS geben wird, die dann auch noch Begeisterung auszulösen vermag, steht derzeit in den Sternen.

Und sonst?

Alternativen? Vielleicht doch ein ganz ander Roller? - Die Frage ist ketzerisch und gilt unter Vespisti als Hochverrat. Auch bei einem Roller aus demselben Stall? Immerhin stehen beim Vespahändler noch andere Piaggioroller, einer neben dem anderen und noch einer mehr.

Da wäre der brandneue elektrisch betriebene »One«, Piaggio zufolge »Your new Way to make a Difference«, easy to ride, superleise, umweltfreundlich und mit allen sonst überhaupt nur vorstellbaren Superlativen gesegnet. Und topaktuell 2022 sogar als spezielle und personalisierte Edition Feng Chen Wang einschließlich passendem Helm und Streetwaer in Grün (womit endlich auch dem Letzten „einer der experimentellsten und innovativsten Designer der internationalen Szene" zum Begriff wird). Aber deswegen ein One?

Da wäre auch der Piaggio MP3 300 mit dem gleichen hochgelobten hpe-Motor wie in der Vespa GTS zu nennen, hier sogar mit 26PS. Mit seinem revolutionären Fahrwerk mit zwei Vorderrädern á 13" und einem Hinterrad mit 14", dazu drei Scheibenbremsen, vorne mit 2x 258mm und hinten mit 240mm, hat er von allem mehr als jede Vespa zu bieten und unter objektiven Kriterien auch die besseren Fahreigenschaften. Aber deswegen ein MP3?

Oder der Großroller Beverly 300hpe mit hier ebenfalls 26PS und noch größeren Rädern, nämlich vorne 16" und hinten wie der MP3 14". Das reicht, um so manche Bodenunebenheit wegzubügeln, die die Vespa ihre Besatzung ungefiltert spüren lässt, von den Bremsen mit Scheiben von 258mm vorne und immerhin 240mm hinten ganz zu schweigen. Aber deswegen ein Beverly?

Natürlich gibt es auch ein Programm in der 125er Klasse. Da wäre sogar eine richtige Vespa zu haben. Sie hört auf den Namen Primavera und hat denselben schmal geschnittenen Anzug der Vespa Elettrica, nur eben mit einem Verbrennungsmotor. Auch der ist ein Viertakter mit i-get-Technik, allerdings luftgekühlt und mit nur drei Ventilen. Da sie kleiner und leichter ist, reichen ihre 11 PS völlig aus und geben sich nicht weniger temperamentvoll als in der großen GTS. Das ist dann auch das einzige echte Manko: wer etwas wie die muskulöse GTS will, der will es eben. Und der will dann auch die schmalbrüstige Zwillingsschwester der Primavera, die Sprint mit ihrem Hexagonalscheinwerfer, nicht.

Bleibt als letzte Vespaoption die 946, seit 2013 als Übervespa auf dem Markt und im Jahr 2021 von Christian Dior mit viel Goldglitzer eingekleidet. Mit ihrem 125er Motor und der schlanken Karosserie ist sie gar nicht so furchtbar weit von der Primavera weg. Über Geld spricht man nicht – man hat es. Schlappe achtzehntausend Euro gehen über die Theke. Eher nichts zum Fahren, aber neben einer GTS in der Garage eine echte Option.

Sonst wäre da noch die Liberty, lt. Piaggio »EASY, CHIC & MODERN«, auch mit einem i-get Motor, hier allerdings ebenso luftgekühlt wie in der Vespa Primavera und Sprint. Dafür mit großen Rädern (14/16-Zoll) und einer hydraulischen Teleskopgabel mit einem spürbar fortschrittlicheren Fahrwerk als eine Primavera unterwegs. Aber deswegen eine Liberty?

Und da wäre schließlich die große Schwester der Liberty, die Medley, Piaggios »Raumwunder im Designerlook« mit einem ähnlich überlegenen Großrad-Fahrwerk, hochwirksamen hydraulischen Bremsen, dem kultivierten wassergekühlten i-get Motor aus der GTS und – überragenden Fahreigenschaften. Aber ´mal ehrlich: eine Medley?

Wir hatten es schon: Vespa geht nicht ohne Emotionen. Sie wird mit dem Herzen gekauft, nicht mit dem Verstand. Würden Vespisti dem folgen, könnten sie mit einem Produkt aus Fernost sogar noch eine ganze Menge Geld sparen und nicht unbedingt schlechter unterwegs sein. Aber ohne Leidenschaft. Dem Fahrgefühl würde das Lebensgefühl fehlen, einzigartig und unverwechselbar. Kult eben. Und wer zu Lebzeiten schon Legende ist, der darf sich ruhig ein paar Schwächen leisten.

Wie lange es die Vespa noch gibt? Was für eine Frage. Die Vespa ist unsterblich.

Drei auf einen Streich im Corporate Vespa Design: vorne eine farbenfrohe Primavera im aktuellen Look von Popdesigner Sean Wotherspoon, in der Mitte eine weiße GTS Super und hinten angeschnitten die Übervespa 946 in Hochglanzschwarz.

Primavera
Primavera
Primavera
Primavera
Primavera
Primavera

Piaggio Medley

Piaggio One

Kommandozentrale Piaggio One

PIAGGIO Liberty

PIAGGIO MP3

Piaggio Beverly

Der Auftritt lässt jede Zurückhaltung vermissen - und der Preis genauso: lumpige 18.000 € wechseln den Besitzer, die Accessoires nicht inbegriffen.

Bildnachweis:

Alle Bilder von Günther Uhlig (217) außer:
Stefan Becker S.78/79, Alessandro Bello S.155, Theo Däschlein S.84,85, Bernhard Kübler S.141(1), Malossi SpA S.141(1), Archiv Motorbuch S.47,48,56,57,76,77,88,94,95,111, Piaggio & C.SpA incl. Abt. u. Museo Piaggio S.8,10,11,12,21,22(1),23(2),49,64,65,88,89,100,101,171,176,200,202,203,204, Hans-Jürgen-Schneider/Schneider Media UK Ltd S.58,72, Tom Janas/Sportograf.com S.44, Bettina Uhlig S.205,207.

Danksagung

Dieses Werk unterscheidet sich von meinen anderen Büchern über die Vespa dadurch, dass es sich ganz speziell nur einer Baureihe widmet, der großen Granturismo. Und weil es die erst seit 2003 gibt, konnte ich nicht meine guten alten Beziehungen spielen lassen und in Sammlungen und Museen stöbern, sondern war ganz aktuell auf die Hilfe zahlreicher Menschen angewiesen, die ich zu einem großen Teil vorher überhaupt nicht kannte. Prospekte, technische Informationen und all das, was vom Hersteller Piaggio & C. SpA öffentlich oder als Presseinformation herausgegeben wurde, hatte ich über Jahre hinweg gesammelt, bleiben individuelle Recherchen. Mein erstes Anliegen in all meinen Büchern war und ist, mich nicht auf Informationen aus zweiter und dritter Hand zu verlassen, sondern nur über das zu berichten, was ich auch selbst gehört und gesehen habe und das dann auch tatsächlich selbst aufzeichnen und fotografieren konnte. Frau Wachter und Frau Reich von der Piaggio Deutschland GmbH hatten mir schon früher wiederholt weiter geholfen. Beide sind leider nicht mehr in dem Unternehmen beschäftigt. Autor und Verleger Hans-Jürgen Schneider, dem ich schon seit vielen Jahren freundschaftlich verbunden bin, hat wertvolles Bildmaterial zur Verfügung gestellt. Frau Thoma vom gleichnamigen Piaggio-Center in Hauingen und Herr Schuler und sein Mitarbeiter Alexander Sexauer vom Fahrzeughaus Ortlieb & Schuler in Kollmarsreute haben mir immer wieder Rede und Antwort gestanden und Fahrzeuge zum Fotografieren bereitgestellt. Dem Team Bonn mit der Familie Kübler vom gleichnamigen Piaggio-Center und Kommunikator Stefan Becker ist es gelungen, verschollenes Archivmaterial zu Tage zu fördern und das Geheimnis kniffliger Technikfragen zu lüften. Und natürlich danke ich auch all den Händlern im In- und Ausland, in deren Läden ich ohne Voranmeldung hereinspaziert bin und um Material gebeten oder etwas fotografiert habe, und all den Besitzern, deren Fahrzeuge ich fotografieren durfte oder die sie mir gar überlassen haben und mir von ihren Erfahrungen berichtet haben, auch wenn ich hier nicht jeden einzelnen aufzählen kann. Ohne ihre Aufgeschlossenheit und Hilfsbereitschaft hätte dieses Buch nicht entstehen können. Nur selten wurde ich abgewiesen, und auch dafür habe ich Verständnis, denn wem will man verübeln, reserviert zu reagieren, wenn er von einem wildfremden Menschen irgendwo wegen seiner Vespa angesprochen wird? Oder einen angebrachten Zettel am Lenker mit der Bitte, sich zu melden, ignoriert? Schließlich, und das liegt mir ganz besonders am Herzen, danke ich meiner Familie für ihre unendliche Geduld mit mir, wenn ich mich einfach nicht von der Arbeit lossagen konnte. Danke allen!

Der Autor

Dr. Günther Uhlig ist als gelernter Chirurg mit Skalpell und Schraubenschlüssel gleichermaßen vertraut. Er lebte schon früh seinen Traum von Abenteuer und Freiheit, nahm mit 16 den rauen Asphalt fanzösischer Landstraßen unter die Räder und fuhr mit seinem Kreidler Florett Mokick bis nach Spanien. Motoren, das Meer und das mediterrane Leben haben ihn nie wieder losgelassen.

Der leidenschaftliche Zweiradfahrer veröffentlichte als Student erste Pressefotos, gewann mehrere Preise und machte sich in den achtziger und neunziger Jahren als freier Journalist mit zahlreichen Abenteuerberichten und Fotoreportagen in Offroad- und Outdoormedien einen Namen. Seine Bücher über die Vespa wurden zu Bestsellern und ins Englische und Französische übersetzt. Als weltweit erster Autor hat er mit seinem Standardwerk über die Ape von Piaggio Maßstäbe gesetzt.
Uhlig illustriert seine Werke mit überwiegend selbst erstelltem Bildmaterial.